T0209502

essentials

essentials liefern aktuelles Wissen in konzentrierter Form. Die Essenz dessen, worauf es als „State-of-the-Art" in der gegenwärtigen Fachdiskussion oder in der Praxis ankommt. *essentials* informieren schnell, unkompliziert und verständlich

- als Einführung in ein aktuelles Thema aus Ihrem Fachgebiet
- als Einstieg in ein für Sie noch unbekanntes Themenfeld
- als Einblick, um zum Thema mitreden zu können

Die Bücher in elektronischer und gedruckter Form bringen das Fachwissen von Springerautorinnen kompakt zur Darstellung. Sie sind besonders für die Nutzung als eBook auf Tablet-PCs, eBook-Readern und Smartphones geeignet. *essentials* sind Wissensbausteine aus den Wirtschafts-, Sozial- und Geisteswissenschaften, aus Technik und Naturwissenschaften sowie aus Medizin, Psychologie und Gesundheitsberufen. Von renommierten Autorinnen aller Springer-Verlagsmarken.

Mario H. Kraus

Kreativität: Stichworte, Ansätze, Grenzen

Schnelleinstieg für Architekten und Bauingenieure

Springer Vieweg

Mario H. Kraus
Berlin, Deutschland

ISSN 2197-6708 ISSN 2197-6716 (electronic)
essentials
ISBN 978-3-658-42127-4 ISBN 978-3-658-42128-1 (eBook)
https://doi.org/10.1007/978-3-658-42128-1

Die Deutsche Nationalbibliothek verzeichnet diese Publikation in der Deutschen Nationalbibliografie; detaillierte bibliografische Daten sind im Internet über http://dnb.d-nb.de abrufbar.

Planung/Lektorat: Karina Danulat
Springer Vieweg ist ein Imprint der eingetragenen Gesellschaft Springer Fachmedien Wiesbaden GmbH und ist ein Teil von Springer Nature.
Die Anschrift der Gesellschaft ist: Abraham-Lincoln-Str. 46, 65189 Wiesbaden, Germany

Was Sie in diesem *essential* finden können

- ... eine Einführung zum Thema Kreativität,
- ... Denkansätze für eigenes schöpferisches Handeln,
- ... nützliche und bewährte Kreativitätstechniken.

Inhaltsverzeichnis

Über den Autor

Dr. Mario H. Kraus (*1973 Berlin) seit 2002 Mediator und Publizist (Wohnungswirtschaft/Stadtentwicklung, *mediation.kraus@berlin.de*), Dissertation beim Stadtforscher Prof. Dr. Hartmut Häußermann (*1943, †2011), Humboldt-Universität zu Berlin 2009, betreute ein landeseigenes Wohnungsunternehmen, unterrichtete Mediation (Humboldt-Universität, Universität Rostock), veröffentlichte Beiträge in Fachzeitschriften sowie mehrere Fachbücher und ist heute Mitglied des Aufsichtsrats einer großen Berliner Wohnungsgenossenschaft.

Abbildungsverzeichnis

Einleitung 1

In einer Welt, die Gott gehört, macht der Mensch aus sich zu viel, sobald er den Kopf hebt; in einer Welt, die den Menschen gehört, machen diese aus sich regelmäßig zu wenig.
Es ist nicht der aufrechte Gang, der den Menschen zum Menschen macht, es ist das aufkeimende Bewusstsein des inneren Gefälles, das im Menschen die Aufrichtung bewirkt.
*Peter Sloterdijk (*1947): „Du musst dein Leben ändern" (2009).*

Kreativität ist seit Jahrzehnten eines der vielgenutzten (und daher etwas abgenutzten) Schlagworte in westlichen Gesellschaften. Von Kunst- und Werbeschaffenden wird erwartet, dass sie schöpferisch sind; ob die Ergebnisse dann auch wahrgenommen und als schöpferisch erlebt werden, ist etwas anderes. Bekanntlich ist nichts im Leben so beständig wie der Wandel; die Menschheitsgeschichte beruht auf ständigen Veränderungen. Doch im Arbeitsumfeld können auch dringend notwendige Neuerungen durchaus Ängste auslösen, werden sie nicht ausreichend begründet oder überstürzt umgesetzt: Die Beschäftigten vermuten zumeist, dass die Arbeitslast wächst oder Arbeitsplätze entfallen. Hier sind bei Führungskräften Umsicht und Einfühlungsvermögen gefragt.

Kreativität zieht sich wie ein roter Faden durch mein Leben; das war jedoch nie wirklich geplant. In meiner Schulzeit in Ost-Berlin, kurz vor der Wende, musste ich mich in der Mittel- und Oberstufe öfter mit Schöpfertum (so hieß das damals) befassen, etwa in Aufsätzen. Dabei ging es durchaus nicht nur um Sozialismus und Kommunismus: In der damaligen Binnen- und Mangelwirtschaft waren der Fachkräftemangel durchaus bewusst und Nachwuchsförderung in vielen Berufsfeldern üblich (ich habe meinen ersten Beruf solcher Förderung zu verdanken und wusste dies immer zu schätzen).

M. H. Kraus, *Kreativität: Stichworte, Ansätze, Grenzen*, essentials,
https://doi.org/10.1007/978-3-658-42128-1_1

Nach Wiedervereinigung und Studium (Chemie) arbeitete ich in der Forschung (Bioanalytik); dabei spielte das Finden und Erproben von Neuem selbstverständlich eine gewisse Rolle. Damals begann ich mich mit der *Kombinatorik* zu befassen; sie ist ein gutes Hilfsmittel für die fachübergreifende Suche nach Handlungsmöglichkeiten. Eine „Spätfolge" ist mein kleiner *Kompaktkurs Kombinatorik,* der in diesem Jahr bei Springer Spektrum erschien *(Kraus 2023).* Später arbeitete ich einige Jahre als Führungskraft eines gemeinnützigen Bildungsunternehmens, dass sich der *Kreativitätspädagogik* verschrieben hatte. Die wichtigste Aufgabe war, das Unternehmen neu aufzustellen, was im Alltag über mehrere Jahre für menschlich und fachlich sehr aufschlussreiche, oft überraschende Wendungen sorgte (die es schöpferisch zu bewältigen galt).

Und auch in meiner Tätigkeit als Mediator war das Jonglieren mit Lösungsvorschlägen und Denkansätzen wesentlich. In Berlin und Rostock leitete ich gut zehn Jahre lang Seminare, nicht zuletzt zur Kreativität in der Gesprächsführung und Lösungssuche. Immer in Griffweite auf oder neben meinem Schreibtisch lag in den letzten gut 20 Jahren Alan Fletchers „The Art of Looking Sideways"; der Einband ist mittlerweile von der Sonne ausgeblichen *(Fletcher 2001).* Es genügte mir zumeist, einmal jährlich die bunte Sammlung durchzublättern, um neue Anregungen für meine Arbeit zu finden. Für die vorliegende Veröffentlichung habe ich die wichtigsten – zeitlosen! — Inhalte meiner über Jahre bewährten Schulungsunterlagen aufbereitet; sie sind nicht ganz so bunt, doch hoffe ich, auf das Wesentliche hinweisen zu können.

Es ist bemerkenswert, dass es in Sachen Neuerungen keine wirklich neuen Ansätze gibt: Kreativitätsformate in der Arbeitswelt zielen seit Jahrzehnten wieder in ähnliche Richtungen; nur einige Fachbegriffe ändern sich. Erfreulicherweise mangelt es in Deutschland auch in Krisenzeiten nicht an Ideen; das muss einmal betont werden. Es ist die Umsetzung, die sich meist als schwierig herausstellt. Es gab und gibt in jedem gesellschaftlichen Spannungsfeld eine schier überwältigende Zahl von Analysen, Innovationen, Konzepten, Projekten, Strategien, … Trotzdem wird über Reformstau geklagt; die Gründe sind vielfältig: Manches ist tatsächlich nicht umsetzbar, manches nicht mehrheitsfähig; manchmal gibt es noch nicht genug Leidensdruck, manchmal überwiegen Furcht oder Trägheit. Und es gibt hin und wieder auch Menschen, die für ihr Umfeld zu beweglich, zu erfinderisch, zu schöpferisch sind …

Ich habe mich nie für besonders schöpferisch gehalten (was sich rückschauend teils als Fehleinschätzung erwies). Gleichwohl fand ich es immer spannend, schöpferischen Menschen zu begegnen und zu versuchen, ihre Gedanken nachzuvollziehen. Nebenher merkte ich aber schon frühzeitig, dass selbst bescheidene Ansätze für Neuerungen auch Widerstand und Ärger hervorrufen können. In gut

25 Jahren Gremienarbeit etwa lernte ich so auch, über Bande zu spielen und Möglichkeiten vorauszudenken. Und mit nunmehr 50 Lebensjahren kann ich darauf zurückblicken, den größten Teil meiner Zeit mit dem Verfolgen von Zielen unter oft widrigen Bedingungen verbracht zu haben, in den allermeisten Fällen mit guten Ergebnissen. Das kann ja so falsch nicht gewesen sein und überwiegend als schöpferisch gelten.

Geht es um Neuerungen, ist Ehrlichkeit gegenüber sich selbst wichtig: Sie lehrt Menschen zu unterscheiden, was sie ändern können und was nicht. Es ist ferner wichtig zu wissen, dass man Menschen nicht zu ihrem Glück zwingen, von ihnen aber viel lernen kann (im Guten wie im Schlechten). Man kann überhaupt sehr viel lernen, wenn man neugierig auf das Leben bleibt.

Ich danke *Susanne Jung,* Psychotherapeutin in Berlin, nicht zuletzt für Einsichten in meine schöpferischen Anwandlungen der letzten Jahre. Dem Verlag *Springer Vieweg* in Wiesbaden, insbesondere *Karina Danulat,* danke ich für die Möglichkeit, wiederum einige meiner Erfahrungen veröffentlichen zu können.

2 Kreativität – ein wichtiger Begriff

Kreativität (lat. *creare,* erschaffen, erzeugen), auch Schöpfertum genannt, ist die Fähigkeit und/oder Fertigkeit, Neues zu schaffen; naheliegend ist die gedankliche Verbindung zu *Fantasie* (griech./lat. *phantasia,* Einbildung, Vorstellung). Schöpfertum ist – nach heutiger Auffassung und bewiesen durch die Geschichte – nicht an bestimmte Lebensbereiche oder Berufsgruppen, Geschlechterrollen oder Weltanschauungen gebunden.

Gelegentlich wird unterschieden zwischen alltäglichen schöpferischen Eingebungen und großen weltverändernden Erneuerungen *(Small C – Big C).* Die Geschichte der Menschheit wurde über Jahrtausende durch viele, vermeintlich kleine, Entdeckungen und Erfindungen geformt, die in getrennten Kulturräumen immer wieder geschahen: Feuer bezwingen, Tiere zähmen, Nahrung suchen, Nutzpflanzen anbauen, Schlag- und Schneidwerkzeuge herstellen, Kleidung fertigen, Häuser errichten – das wurde wiederholt und kleinteilig verwirklicht, über Jahrtausende betrieben und verbessert. Das Rechnen und Schreiben, das Spinnen und Weben wurden mehrfach erfunden; Bewässerungskanäle und Boote, Keramik und Metallguss, aber auch Waffen verschiedenster Art entstanden auf verschiedenste Art und Weise in vielfältigsten Ausprägungen.

Diese räumlich und zeitlich weit verteilte Schöpferkraft kann Mut geben, denn es ist immer noch möglich, auch im Alltag Neues zu bewerkstelligen (es muss nicht in jedem Fall in eine Unternehmensgründung daraus folgen!) Der „Herr der Zettelkästen" und Begründer der gesellschaftswissenschaftlichen *Systemtheorie* in Deutschland, *Niklas Luhmann* (*1927, †1998) bezeichnete Kreativität einst als *Demokratisierung von Genie.* Sein Zeitgenosse *Joseph Beuys* (*1921, †1986) verkündete in dieser Zeit, jeder Mensch könne Künstler sein. Beide meinten wohl das Gleiche: Veränderungen im Leben schöpferisch herbeizuführen, sich dabei in gewissen Grenzen zu „verwirklichen", kann und sollte allen gelingen. Das gehört zur Entfaltung der *Persönlichkeit.* Doch wie ist es um die Wirklichkeit bestellt?

M. H. Kraus, *Kreativität: Stichworte, Ansätze, Grenzen*, essentials,
https://doi.org/10.1007/978-3-658-42128-1_2

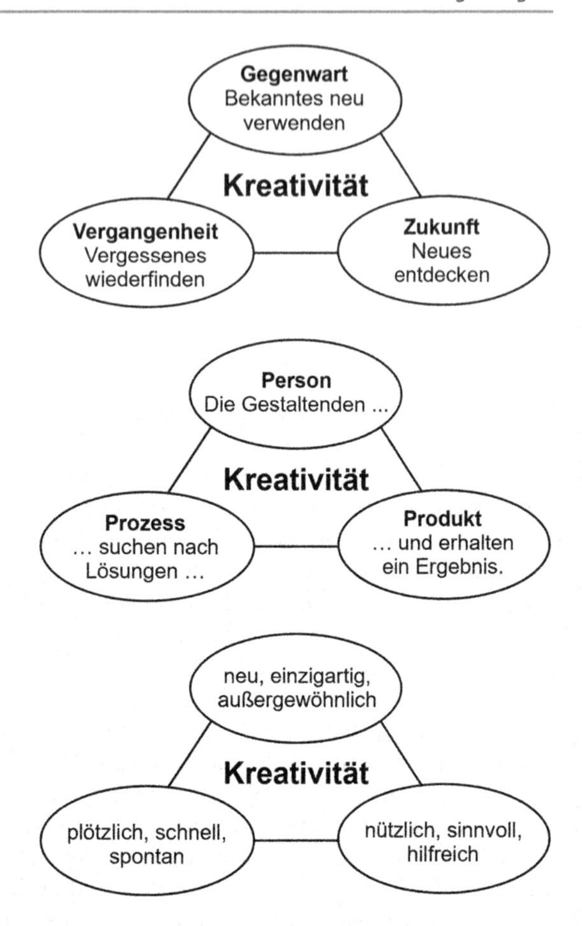

Abb. 2.1 Kreativität als Dreiklang

Kreativität hat *Prozesscharakter* und lässt sich auf verschiedene Art umschreiben (Abb. 2.1): Sie kann wirken durch das Verbinden von Vergangenheit, Gegenwart und Zukunft; ihre Ergebnisse entstehen meist schnell und sollten nicht nur neu, sondern auch nützlich sein, wobei der schöpferische Akt stets die handelnden Menschen, ihr Handeln und dessen Ergebnisse umfasst. Mit anderen Worten ersetzt (1.) eine Eingebung nicht das anschließende Handeln, können (2.) Menschen nicht als schöpferisch gelten, solange sie dies nicht durch etwas Geschaffenes bewiesen haben, und (3.) ist ein beliebiger neuer Gegenstand ist nicht zwingend nützlich oder außergewöhnlich.

Schöpferkraft ist eine – und zwar wirklich nur eine – Möglichkeit, Herausforderungen im Leben zu begegnen und sie günstigstenfalls zu bewältigen. Es gibt auch andere Möglichkeiten und vor allem keine Verpflichtung, schöpferisch zu handeln. Eine weitere Darstellung bringt die wichtigsten menschlichen Bedürfnisse und die wichtigsten Handlungsmöglichkeiten oder *Normstrategien* zusammen (Abb. 2.2). Es handelt sich um eine *Heuristik* (griech. *heuriskein,* entdecken, finden), ein Hilfsmittel zum Entscheiden auch unter schwierigen Bedingungen:

Wer von einer Herausforderung räumlich und zeitlich noch weit entfernt ist, hat grundsätzlich einen großen Handlungsspielraum – wird sich aber vielleicht nur wenig damit befassen, so lange es keinen Anlass gibt. Der Spielraum verringert sich bei Annäherung, sodass letztlich nur eine Möglichkeit übrigbleibt, die dann zur Wirklichkeit wird. Wer eher selbstbestimmt handeln kann, vermag die Auswahl zu beeinflussen; wer eher fremdbestimmt ist (oder sich so fühlt), hat dagegen kaum Auswahl: Lebst du oder wirst du gelebt? Denkst du oder lässt du denken? Es gibt selbstverständlich nicht immer $10 \times 10 = 100$ Möglichkeiten; in jeder Lebenslage wirken zeitliche, räumliche, wirtschaftliche, rechtliche, moralische oder sonstige Beschränkungen. Auch haben Menschen nicht immer die Zeit und das Wissen, das Für und Wider einer Entscheidung abzuwägen; manchmal muss man nehmen, was sich gerade bietet. Lebenserfahrungen und Gruppendruck, Neigungen und Abneigungen, Ängste und Befürchtungen, auch Irrtümer und Missverständnisse können Entscheidungen beeinflussen.

In der Darstellung sind die Gelegenheiten schwarz markiert, bei denen schöpferisches Handeln oft nahe liegt oder sich empfiehlt (Abb. 2.2). Grau sind die Gelegenheiten markiert, bei denen es sich lohnen kann, Neues zu versuchen. Weiß sind diejenigen, in denen es ausgeschlossen ist: Vor einer Herausforderung zu fliehen mag im Einzelfall menschlich verständlich und (bei Gefahr) sogar sehr sinnvoll sein, ist aber nicht schöpferisch. Hingegen erweitert das (Ver-)Handeln mit anderen die eigenen Spielräume, mitunter schon durch den Austausch von Erfahrungen und Gedanken. Auch das Umwandeln einer beruflichen Herausforderung in eine Geschäftsidee *(„Das kann ich besser!“)* ist der Versuch, das Leben grundsätzlich anders anzugehen.

Es wurde vor allem seit dem II. Weltkrieg sehr viel Forschung zur Kreativität betrieben *(Amabile 1996; Holm-Hadulla 2000, 2011; Lenk 2000; Abel 2005; Feldhusen 2006; Dresler und Baudson 2008; Jansen 2009; Weissbach et al. 2009; Vogt 2010; Kaufman und Sternberg 2010; Sternberg 2011; Gottlich 2012; Mumford 2012; Runco 2014; Fox und Kalina 2018; Runco und Pritzker 2020).* Insbesondere wurde versucht, das Eigentliche und Wesentliche des schöpferischen Denkens und Handelns zu erfassen *(Koestler 1975; Boden 1990; Goleman et al. 1992; Joas*

defensiv/passiv ⟷ offensiv/aktiv

	Verdrängen Leugnen	Verweigern	Fliehen	Unterwerfen	Entscheiden lassen	Verhandeln Ausgleichen	Verbünden	Umwandeln	Ablenken Täuschen	Kämpfen
Nahrung/Wasser Kleidung	○	○	○	◐	◐	●	●	●	◐	◐
Geborgenheit Sicherheit	○	○	◐	◐	◐	●	●	●	◐	◐
Fortpflanzung Kindererziehung	○	○	○	○	◐	●	●	◐	○	○
Anerkennung Geltung, Ehre	○	○	○	○	◐	●	●	●	◐	◐
Eigenständigkeit Entwicklung	○	○	○	○	○	●	●	●	○	◐
Zugehörigkeit Gemeinschaft	○	○	○	◐	●	●	●	●	◐	◐
Beziehung Liebe	○	○	○	○	◐	●	●	◐	○	○
Wohlstand Reichtum, Besitz	○	○	○	◐	◐	●	●	●	◐	◐
Macht, Einfluss	○	○	○	○	◐	●	●	●	●	●
Rache Vergeltung	○	○	○	◐	◐	●	●	●	●	●

Abb. 2.2 Normstrategien. In schwarzen Handlungsfeldern ist schöpferisches Handeln sinnvoll, vorteilhaft, wahrscheinlich, in grauen möglich, in weißen jedoch nicht möglich oder nicht empfehlenswert

1992; Csikszentmihalyi 1996; Weisberg 2006; Münte-Goussar 2008; Sawyer 2012). Das führte zu vielen Veröffentlichungen, die schon aufgrund der Fülle im Einzelfall nicht zwingend weiterhelfen. Was wiederum in Gestalt von Ratgeberbüchern und Zeitschriftenbeiträgen auf dem Markt verfügbar ist, lässt sich oft leichter und unterhaltsam lesen, ist aber ebenso wenig übersichtlich. Patentrezepte gibt es offenkundig nicht.

Einige Veröffentlichungen vermitteln einen sehr breiten Begriff von Kreativität, der etwa auf den ständigen Wandel im gesamten *Universum,* also auch auf die nicht-belebte Welt angewendet wird *(Peat 2000);* das hilft im Arbeitsalltag selten weiter. Andere befassen sich schwerpunktmäßig mit der oftmals erzwungenen Selbstverwirklichung und Selbsterfindung des Menschen in der Moderne *(Salaverria 2007; Reckwitz 2012; 2016);* das wiederum verzerrt die Wahrnehmung und beschränkt das Denken auf einige wenige Tätigkeitsfelder. Wieder andere behandeln nur ausgewählte, typische Arbeitsbereiche wie Kunst und Wissenschaft *(von Wissell 2012; Suwala 2014).* Dazu gibt es Abhandlungen zur Wirkung wichtiger Ideen in der Geschichte menschlicher Gesellschaften *(van Doren 1991; Watson 2005);* sie zeigen unter anderem, dass Ort, Zeit und Umstände „stimmen" müssen, damit sich Ideen durchsetzen. Wann „die Zeit reif ist", lässt sich nicht zielgenau planen.

Kreativität ist somit auch und ganz wesentlich eine Frage von Machtverhältnissen: Einflussreiche Zeitgenossen können Neuerungen fördern oder abwürgen. Dass sich Neues in vergangenen Jahrhunderten vergleichsweise langsam durchsetzte, lässt sich mit den damaligen, eher starren Gesellschaftsordnungen begründen. Heutzutage spielt offenkundig der Zufall eine immer größere Rolle: Geschäftsgründungen sind einfacher, Trends wechseln schneller, die Welt ist immer vernetzter, und auch mit eigenwilligen Angeboten lässt sich Geld verdienen. Oft schafft das Angebot die Nachfrage, etwa in Sachen Mode, Kunst, Musik oder Ernährung. Überraschungen bringen Marktvorteile, erfordern aber auch kaufmännische „Blindflüge". Nicht jede Neuerung erfreut.

Seminare zur Kreativität wurden und werden vielfach angeboten, sind gewiss teilweise hilfreich und vermitteln zahlreiche neue Ansätze. Wer aber selbst entweder solche Fort- und Weiterbildungen durchgeführt oder an ihnen teilgenommen hat, kennt die Unterschiede zwischen Anspruch und Wirklichkeit: Der nächste Tag am Arbeitsplatz ist eher ernüchternd, neue Vorschläge werden zerredet; gerade in Zeiten des Fachkräftemangels ist es in etlichen Berufsfeldern sinnvoller, sich anderswo zu bewerben anstatt sich an Dingen aufzureiben, die im gewohnten Umfeld nicht zu ändern sind … Ob sich das künftig ändert?

Auch ist es wichtig zu erwähnen, dass schöpferisch zu sein ist nicht immer „gut" ist oder Gutes schafft: Hass, Machtstreben und Rachegelüste machen besonders erfinderisch und können überaus zerstörerisch wirken, weil Menschen in diesen Gemütszuständen die erwähnten Grenzen leicht missachten. Streitigkeiten unter Geschiedenen und Getrennten oder zwischen Nachbarn, die sich gegenseitig bis zu Gewalttaten aufreizen, sind alltägliche Beispiele; Gerichtsverfahren erlauben tiefe Einblicke in das Seelenleben von Menschen.

Vergleichsweise wenig beachtet wird ferner die Verbindung von *Kreativität* und *Kriminalität (Corino 1990; Hartwig und Spengler 2003; Reulecke 2006; Clay 2015; Cropley 2015)*. Dabei ist dieses Forschungsgebiet gesellschaftlich weit lehrreicher als der vieltausendste Beitrag zur Selbstverbesserung am Arbeitsplatz: Wirtschaftsstraftaten im weitesten Sinn – Bestechung und Bestechlichkeit, Betrug, Fälschung, Unterschlagung als Beispiele – bringen weltweit die höchsten Gewinne bei niedrigsten Aufklärungsraten und geschehen zudem in vielen Ländern in rechtlichen Grauzonen, die vor Strafverfolgung schützen. Sie erfordern von den Beteiligten durchaus ein großes Ausmaß an Rechts- und Fachkenntnissen, um etwa Firmennetzwerke in Steueroasen aufzubauen, Gelder über Grenzen von Staaten und Rechtskreisen hinweg zu verschieben und Bilanzen so schöpferisch zu gestalten, das die Folgen des Tuns erst bei großen Schäden deutlich werden. Mehr über die Verantwortlichen, ihre Vorgeschichte und ihre Beweggründe zu erfahren, wäre ein wichtiger Lernfortschritt, was die vorbeugende Rechtsentwicklung und das öffentliche Bewusstsein angeht.

3 Problem – ein weiterer wichtiger Begriff

Problem (griech. *problema,* Vorgelegtes, Vorgeworfenes) bezeichnet beliebige Herausforderungen im Leben, die es zu bewältigen gilt, wenngleich das geeignete Verfahren zur Bewältigung nicht von vornherein klar ist (dann wäre die Sache leicht zu erledigen). Herausforderungen können zu Über- und Unterforderung führen. Es sind „Herausforderungen", weil die Wechselfälle des Leben dazu zwingen, sich mit der Außenwelt zu befassen. „Hereinforderungen" — ein Wortspiel der Kommunikationstrainerin Vera F. Birkenbihl (*1948, †2011) — sind eine ganz andere Sache: Menschen können mitunter aufgrund seelischer Blockaden und Belastungen ihre Bedürfnisse gar nicht erkennen und ausleben.

Ein Leben ohne Probleme gibt es gewiss nicht. Werden sie gemeistert, sind sie keine Probleme mehr, haben dafür vielleicht zu wertvollen Erfahrungen verholfen. Unter veränderten Bedingungen können sie wieder auftauchen, etwa wenn die Betreffenden wegen Alters oder Krankheit ihre Aufgaben nicht mehr erfüllen können. Probleme werden auch dann wieder auftauchen, wenn eine vermeintlich Lösung keine solche war. Manche Probleme lassen sich nicht zeitnah lösen, andere verschwinden von selbst – oder auch die Menschen, die sie verursacht haben. Was für die Einen ein Problem ist, muss es für die Anderen längst nicht sein. Die *Klimakrise* zeigt, dass es Probleme gibt, die alle betreffen, aber eben auch (noch) nicht im gleicher Art und Weise; das gilt auch für die *Corona-Pandemie.*

Ein Problem zu lösen erfordert mindestens eine *Ressource* (franz. *ressource,* Mittel). Das kann Fachwissen sein oder Lebenserfahrung, Geld oder auch Mitmenschen, die beim Lösen des jeweiligen Problems helfen. Ein Problem ist also nur ein solches, wenn

M. H. Kraus, *Kreativität: Stichworte, Ansätze, Grenzen*, essentials,
https://doi.org/10.1007/978-3-658-42128-1_3

- Betroffene keine geeignete Ressource haben (vielleicht, weil ihr Leben stark fremdbestimmt ist),
- das Problem grundsätzlich nicht lösen können, weil es außerhalb ihrer Handlungsspielräume ist (etwa gesellschaftliche Ursachen hat) oder
- sie das Problem nicht erkennen oder falsch einschätzen.

Probleme können belasten und krankmachen; sie können aber auch fordern und beleben. So manches Arbeitsumfeld wird durch Abweichungen, Störungen, Unterbrechungen vor lähmender Langeweile bewahrt. Und zahlreiche Berufsgruppen befassen sich fast ausschließlich mit dem Plötzlichen, Nicht-Planbaren; Feuerwehr und Rettungsdienste sind die bekanntesten Beispiele. Sich mit Problemen zu befassen ist zwingend notwendig insbesondere

- in Notlagen, insbesondere bei Gefahr für Leib und Leben,
- bei gesetzlichen Verpflichtungen oder
- bei vertraglichen Bindungen (vor allem Bestimmungen von Arbeitsverträgen).

In allen anderen Fällen ist das Handeln Ermessenssache. Wie erwähnt gibt es mehrere Handlungsmöglichkeiten, dazu gehört neben dem Lösen auch das Abwarten („Aussitzen") oder das „Zerreden". Letzteres umfasst nicht nur das Vermeiden tatsächlichen Handelns, sondern meist das Verlagern von Verantwortung oder das Zuweisen von Schuld. Welche Neigungen letztlich überwiegen, ist abhängig vom Verhältnis der Anforderungen und Bedürfnisse (Abb. 3.1): Vereinfacht ausgedrückt gibt es zwei Arten von Beweggründen (*Motivation,* lat. *movere,* bewegen), die im Einzellfall bestimmen,

- ob und wie ein Problem wahrgenommen wird,
- ob und welche Lösungsansätze erkannt und
- wie bereitwillig, gründlich und schnell sie umgesetzt werden.

Etwas griffiger ist diese andere zweiseitige Unterscheidung:

Warum wollen wir etwas?

- *Weil wir es kennen und wissen, dass es für uns gut ist?*
- *Weil wir es dringend brauchen?*
- *Weil wir uns daran gewöhnt haben und zu bequem sind, etwas anderes zu suchen?*
- *Weil wir davon abhängig sind?*
- *Weil wir uns nichts anderes leisten können?*

Abb. 3.1 Positiv- und Negativmotivation

Positivmotivation (hin zu ...)	**Negativmotivation** (weg von ...)
Neigung, Wunsch überwiegend selbstbestimmt (intrinsisch, autonom)	Druck, Zwang überwiegend fremdbestimmt (extrinsisch, heteronom)
Handle ich, wird etwas besser. Handle ich nicht, bleibt alles gleich.	Handle ich, bleibt alles gleich. Handle ich nicht, wird etwas schlechter.
Fokus: Erfolge, Gemeinsamkeiten, Hoffnungen, Stärken, Wünsche, Vorteile,	Fokus: Misserfolge, Unterschiede, Mängel, Befürchtungen, Schwächen, Nachteile
Beispiele: Freundschaften, Liebesbeziehungen, Unternehmens-gründungen	Beispiele: Dienstanweisungen, Erkrankungen, Notfälle
langfristig wirksam	kurzfristig wirksam

- *Weil wir es nur brauchen, um uns abzulenken?*
- *Weil es uns gefällt?*
- *Weil andere von uns erwarten, dass wir es haben?*
- *Weil wir es gewinnbringend verwerten wollen?*
- *Weil wir uns für berufen halten, es zu besitzen?*

Warum wollen wir etwas nicht?

- *Weil wir es kennen und wissen, dass es schlecht für uns ist?*
- *Weil wir es nicht brauchen?*
- *Weil es nicht gut genug für uns ist?*
- *Weil es uns nicht gefällt?*

- *Weil wir es nur flüchtig kennen, aber zu bequem sind, uns damit näher zu befassen?*
- *Weil es jemand hat, den wir nicht mögen?*
- *Weil wir es uns nicht leisten können?*
- *Weil wir noch nicht wissen, dass es so etwas gibt?*
- *Weil man von uns erwartet, dass wir es ablehnen?*
- *Weil wir auch sonst nicht wissen, was wir wollen?*

Schöpferisches Handeln lässt sich nicht erzwingen; allerdings kann durch „Obrigkeiten" ausgeübter Zwang sehr wohl erfinderisch machen, wenngleich anders als von diesen gewünscht. Deshalb waren und sind Diktaturen förderlich für alltägliche Findigkeiten, mit denen Menschen sich ihr Leben erträglich machen. Der Berliner Künstler *Oskar Huth* berichtete über die Tricks und Kniffe, mit denen er das NS-Regime überlebte *(Huth und Trenk 2001);* der tschechisch-deutsche Schriftsteller *Jan Faktor* erzählte von seinem Alltag im Vorwende-Prag *(Faktor 2010).* Und wer in Ostdeutschland aufwuchs, erinnert sich noch gut an die Grauzonen der Binnen- und Mangelwirtschaft, in denen Begehrtes getauscht wurde (oder nur gegen „Westgeld" erhältlich war).

In der Arbeitswelt gibt es bekanntlich altbewährte, mehr oder minder schöpferische Mittel, Druck zu entgehen:

- Scheinarbeit, also vermehrte Dienstreisen oder Fort-/Weiterbildungen,
- „Dienst nach Vorschrift", das Beschränken der Tätigkeit auf das arbeitsrechtlich und inhaltlich Geringstmögliche,
- Krankschreibungen, wobei diese natürlich nur einen kleinen Teil aller Krankschreibungen ausmachen,
- Bewerbungen und Vorstellungsgespräche während der Arbeitszeit oder
- Ausgründung unter Nutzung betrieblichen Wissens.

Schon diese Auflistung sollte Führungskräfte dazu bewegen, ihren Beschäftigen den Sinn der Arbeit zu zeigen und Verwirklichung zu ermöglichen (zumindest wenn man auf langfristige Entwicklung abzielt …). Unternehmen sind schon aus rechtlichen Gründen ferner gut beraten, geregelte Arbeitsabläufe zu hinterlegen und zu vermitteln, in denen auch der Umgang mit Beschwerden, Mängeln, Störfällen behandelt wird (Stichwort *Risikoprävention*). Sind Belegschaft und Kundschaft regelmäßig verärgert, zeigt sich das bald an den betriebswirtschaftlichen Zahlen. Das gilt ganz besonders in Tätigkeitsfeldern mit hohem Dienstleistungsanteil und großen Anlagesummen.

Abb. 3.2
Eisenhower-Matrix

	Wichtigkeit	**~~Wichtigkeit~~**
Dringlichkeit	Eine Lösung muss umgehend gefunden und umgesetzt werden.	Eine Lösung kann anderen überlassen werden.
~~Dringlichkeit~~	Eine Lösung muss zu gegebener Zeit gefunden werden.	Eine Lösung kann aufgeschoben werden.

Ein altbewährter und guter Denkansatz ist die aus zahlreichen Weiterbildungen bekannte *Eisenhower-Matrix* (Abb. 3.2). Ob der Weltkriegsgeneral und spätere Präsident der USA das Verfahren wirklich genutzt hat, ist nicht bekannt; nützlich ist es allemal: In jedem Unternehmen lassen sich die auftretenden Herausforderungen (von innen und außen!) gruppieren, erfassen und auswerten. Dabei zeigt sich, was vergleichsweise schnell und reibungsarm erledigt werden kann oder was auf Verbesserungsbedarf im Unternehmen deutet. So entstehen Freiräume für schöpferische Lösungen in den wirklich anspruchsvollen Fällen. Für regelmäßig auftretende Herausforderungen sollte es Festlegungen geben, was im Unternehmen (wo, wie und bis wann) zu erledigen und was gegebenenfalls auszulagern ist. Hilfreich sind dafür im Einzelfall Selbstbefragungen – etwa im Rahmen eines *Best Case/Worst Case Scenario* – dieser Art:

- Was geschieht, wenn wir das Problem lösen?
- Was geschieht nicht, wenn wir das Problem lösen?
- Was geschieht, wenn wir das Problem nicht lösen?
- Was geschieht nicht, wenn wir das Problem nicht lösen?

Ein *Meta-Problem* entsteht, wenn es nicht gelingt, auftretende Probleme richtig zu erkennen und zu beschreiben *(„Das ist irgendwo hängen geblieben ...“ – „Die Kunden haben mir das nicht so sagen können ...“ – „Aus dem Pflichtenheft ist das nicht zu erkennen ...“).* Habe ich als einziges Werkzeug einen Hammer, erscheinen mir alle Probleme als Nagel. Weiß ich nicht, wohin ich will, kann ich mich nicht verirren. Das klingt tröstlich, passt aber nicht in eine Wettbewerbslandschaft.

Ursachenforschung bedarf der Ehrlichkeit. „Wird-schon-klappen"-Denken hilft immer nur bis zum ersten kostspieligen Störfall. Erst ein Überblick über die Herausforderungen kann zu einem Überblick über die Handlungsmöglichkeiten (und damit Lösungen im Einzelfall) verhelfen. Bis hier wurde der Begriff Kreativität wohlgemerkt noch nicht erwähnt, und es ist auch nicht immer nötig. Können Herausforderungen bewältigt werden, die in immer wieder ähnlicher Weise, erklärbar und erwartbar, auftreten, und gibt es Lösungsansätze, die den Bedürfnissen des Unternehmen, seiner Beschäftigten und Kunden ebenso wie der Rechtsordnung entsprechen, muss nicht krampfhaft nach neuen Lösungen gesucht werden. Das wird schon früh genug nötig, wenn sich Rahmenbedingungen ändern. Es gilt bekanntlich das rechte Maß zu finden zwischen Bewahren („*heute* so und *morgen* so") und Verändern („heute *so* und morgen *so*").

Und auch wenn Neues gefragt ist, gibt es wiederum mehrere Ansätze (Abb. 3.3). Bereits erwähnt wurde der Unterschied zwischen kleinen, alltäglichen und großen, weltbewegenden Veränderungen *(Small C – Big C)*. Gefragt sind zumeist, und oft schon schwierig genug umzusetzen, die Ersteren. An geeignete Lösungsansätze gelangt dabei auch, wer aus den Erfahrungen anderer lernt. *„Besser eine gute Kopie als ein schlechtes Original!"* erklang in den 90ern oft in Seminaren (heute ist es ratsam, dabei genau auf das Urheberrecht zu achten ...) In Asien weiß man diese Art von Lernen seit Langem zu schätzen: Die japanische Wirtschaft hat vor dem I. und II, insbesondere aber nach dem II. Weltkrieg durch das Lernen von westlichen Vorbildern Höchstleistungen hervorgebracht, auf denen auf heute noch der Wohlstand des Landes beruht. Und nach einem alten chinesischen Sprichwort haben Menschen dreierlei Möglichkeiten, klug zu handeln, und zwar durch

- Lernen, was das Edelste sei,
- Nachahmen, was das Leichteste sei, und
- Sammeln von Erfahrungen, was zumeist das Langwierigste und Schwerste sei.

Wie ist es mit dem Lernen von Vorbildern? Gelingt es, sollte es auf jeden Fall gewürdigt werden. Doch für alltägliche Aufgaben ist es zwar spannend, aber nicht immer aufschlussreich, sich mit den Leistungen von *Leonardo da Vinci, Isaac Newton* oder *Johann Wolfgang von Goethe* zu befassen. Diese waren schon in ihrer Zeit Ausnahmeerscheinungen. Sich ausschließlich nach solchen geschichtlichen Gestalten umzusehen, hieße die Leistungen heutige lebender Menschen zu verkennen, vielleicht gar Minderwertigkeitsgefühle zu fördern. Ähnlich schwierig

Abb. 3.3 Kreativität und Kreativitätstechniken

	Spontaneität	**~~Spontaneität~~**
Originalität	**Kreativität** (Finden ohne Suchen) schafft Lösungen, erfordern aber weiteres Handeln. **Improvisation** ermöglicht sofortiges Handeln.	**Kreativitäts-techniken** ersetzen Kreativität durch geplantes Suchen nach Lösungen, erfordern aber auch weiteres Handeln.
~~Originalität~~	**Routine** (Erfahrung, Übung) erspart das Suchen nach Lösungen und ermöglicht sofortiges Handeln.	**Imitation** (Lernen vom Vorbild) erspart das Suchen nach Lösungen und ermöglicht sofortiges Handeln.

ist das Vorhaben, aus den Lebensläufen „erfolgreicher“ Menschen Regeln für das eigene Leben abzuleiten: Natürlich lässt sich schlussfolgern, dass Neugier und Fleiß förderlich sind; doch ebenso entscheiden Zufall oder Beziehungen über Lebenswege …

Es gibt und gab zu allen Zeiten fähige und fleißige, neugierige und schöpferische Menschen, deren Fähigkeiten und Fertigkeiten, Neigungen und Talente es im betrieblichen Alltag zu erkennen gilt. Das ist eine wichtige Grundlage des gesellschaftlichen Wohlstandes westlicher Länder, heißt aber längst nicht, dass alle Betreffenden gleichermaßen am Wohlstand teilhaben: Gerechtigkeit ist ein ganz eigenes und heikles Spannungsfeld. Zu den Aufgaben von Führungskräften gehört es bekanntlich, alle Beschäftigte anzuleiten und zu fördern, und zwar im Rahmen der jeweiligen Möglichkeiten. Das wiederum heißt, sich auf Menschen einzulassen, aber auch verlassen zu können.

Wer sich nicht für kreativ hält, das ist eine weitere gute Nachricht, kann trotzdem schöpferisch handeln. Zu den bekannten und bewährten Mitteln gehören *Kreativitätstechniken,* die spontane Eingebungen durch gezielte Erkundungen ersetzen. Einige sind im Anhang beschrieben. Besonders nützlich sind dabei solche, die auf der *Kombinatorik* beruhen (lat. *combinatio,* Zusammenstellung): Dieses vielseitige Arbeitsgebiet entwickelt sich seit etwa 750 Jahren und wurde vor etwa 300 Jahren als Vertauschungs- und Versetzungskunst bezeichnet; es geht im Wesentlichen um die Anordnung, Auswahl und Verteilung von Dingen,

Arbeitsschritten oder Gedanken nach bestimmten Rechenregeln. Für eine gegebenen Ausgangslage lassen sich alle Handlungsmöglichkeiten auflisten (wie sinnvoll sie sind, muss jedoch jeweils geprüft werden). Heute werden mit diesen Verfahren Lieferrouten geplant, Dienstpläne erstellt, Netzwerke entworfen, Wirkstoffe hergestellt, Kapitalanlagen verglichen und eben auch schwierige Entscheidungen getroffen.

Im Übrigen kann sich niemand aller Probleme im Umfeld vollständig und allumfassend annehmen. Mitunter kann ein Problem dazu verleiten, sich ihm hauptsächlich zu widmen *(„Hast du ein Problem, mach einen Beruf daraus.")* Moderne Gesellschaften sind arbeitsteilig. Es lässt sich trefflich darüber nachsinnen, ob die Weltgesellschaft von heute schon über acht Milliarden Menschen sich in Richtung weltweiter Vollbeschäftigung entwickelt: Immer neue Lösungen für immer neue selbstgemachte Probleme werden gesucht. Damit lässt sich Geld verdienen, aber ist es auch befriedigend oder gar nachhaltig? Sich nicht mit Problemen zu befassen, die man nicht lösen kann, ist kein Zeichen menschlicher Kälte, sondern nötigen Selbstschutzes; Arbeitsteiligkeit heißt auch, dass es möglich ist, Unterstützung zu suchen. Das gilt vor allem in Dienstleistungsberufen. Und übrigens ist ein Problem noch nicht dadurch gelöst, dass man ihm einen Namen gibt und es einem Fachgebiet zuweist.

Massengesellschaften erzeugen immer wieder ähnliche Probleme, die oft nicht dort gelöst werden können, wo sie auftreten. Die Betroffenen wollen trotzdem nicht als Teil einer großen Grundgesamtheit behandelt, sondern mit ihren Anliegen und Bedürfnissen ernst genommen werden. Rechtsvorschriften sind mitunter nicht passgenau, Zeit- und Kostenrahmen zu eng. Insofern müssen Schwierigkeiten, die sich als „Wiedergänger" offenkundig nicht beheben lassen, zu ihren Ursachen zurückverfolgt werden. Austausch in Branchenverbänden kann ebenso helfen wie fachliche oder rechtliche Beratung. Probleme größeren Ausmaßes, also gerade solche, die das Leben einer großen Zahl von Menschen beeinflussen,

- müssen entweder über Gesetzgebung und Rechtsprechung bewältigt werden, um Rechtssicherheit zu schaffen und die Rechtsordnung weiterzuentwickeln (das erfordert mitunter schöpferisches Vorgehen, zumindest in Rechtsfällen aus dem Geschäftsleben),
- können in Gestalt des Wettbewerbs im Wirtschaftsleben zu Lösungen zumindest für Gruppen von Betroffenen werden (das sind üblicherweise schöpferische Ansätze),
- ansonsten führen sie „auf der Straße" früher oder später zum gesellschaftlichen Wandel.

4 Denken in Zusammenhängen

Menschen handeln stets in Wechselwirkung mit einem, wenn auch gelegentlich kleinen, gesellschaftlichen Umfeld. Das gilt stets und gerade für Neuerungen und Schöpfertum. Kreativität heißt zunächst, Wissen über die Welt zu haben und es auf neue Art zu verbinden und anzuwenden. Daher gilt es, einige wichtige Zusammenhänge zu vergegenwärtigen:

Wissen ist die Gesamtheit der Kenntnisse, die Menschen jeweils verfügbar sind und in ihrer Lebenswelt als „wahr", „bewiesen", „erprobt", „nützlich", „sinnvoll" gelten.

Information ist ähnlich wie *Kreativität* ein mit vielen Bedeutungen beladener Begriff und nicht deckungsgleich mit Wissen! Je nach Fachgebiet sind damit beispielsweise Zustände eines beliebigen Speichers gemeint oder aber Nachrichten, die Entscheidungen bewirken. Und gerade um Letzteres geht es im Zusammenhang mit schöpferischem Handeln:

- Nicht nur (Fach-)Wissen, sondern auch Gerüchte, Stimmungsäußerungen, Vorwürfe können im Arbeitsalltag wertvolle Hinweise geben, zum Nachdenken anregen und Entscheidungen befördern. Die Information ist dann der Hinweis auf Mängel, Störungen, Fehlentwicklungen …
- Entscheiden und Handeln wird durch besonders viel Wissen oder Information (Daten, Fakten) nicht zwangsläufig erleichtert: Reizüberflutung kann Wahrnehmungen verzerren, Entscheidungen verhindern und Fehler begünstigen. Es ist viel wichtiger, das „richtige" Wissen zur „richtigen" Zeit zu haben.
- Das wiederum heißt, dass schon das Beschaffen dieses „richtigen" Wissens in einer Zeit weltweiter Vernetzung ein schöpferischer Akt ist: Fast alles ist irgendwo und irgendwie verfügbar, doch es zu finden, zu prüfen und aufzubereiten erfordert weiteres Wissen und Können.

M. H. Kraus, *Kreativität: Stichworte, Ansätze, Grenzen*, essentials,
https://doi.org/10.1007/978-3-658-42128-1_4

Können wiederum umfasst Fähigkeiten und Fertigkeiten.

Fähigkeiten sind diejenigen Anteile des Verhaltens (damit des Handelns), die angeboren oder durch äußere Einflüsse bestimmt, also nicht erlernbar sind.

Fertigkeiten sind diejenigen Anteile des Verhaltens, die erlernt oder anderweitig erworben werden können.

Kompetenz (lat. *com-peto,* zusammentreffen, zusammenstreben) ist die Gesamtheit von Fähigkeiten und Fertigkeiten eines Menschen oder einer Gemeinschaft von Menschen (Familie, Arbeitsgruppe), mit der bestimmte Herausforderungen ihrer Lebenswelt bewältigt werden. Wissen und Können, damit auch die Fähigkeiten und Fertigkeiten, damit die Kompetenzen, sind erweiterbar durch Lernen und Üben. Eine *Kreativitätskompetenz* wurde bisher nicht beschrieben, *Methodenkompetenz* hingegen schon. Als *Sozialkompetenz* kann demzufolge die Fähigkeit und/oder Fertigkeit gelten, unter gegebenen Umständen

- zu entscheiden, ob Neues zu wagen oder Altes zu bewahren ist,
- im ersteren Fall mehrere kleine Veränderungen oder den ganz „großen Wurf" abzuwägen,
- sich das passende Wissen und zuverlässige Unterstützung zu beschaffen,
- sich für den Fall des Misslingens abzusichern oder auch
- aus Fehlern zu lernen.

Fehler sind lehrreich (Schwachstellen zeigen sich eben nicht, wenn alles rund läuft), und ein Scheitern kann durchaus für Künftiges rüsten. Es sollte lediglich vermieden werden, denselben Fehler mehr als einmal zu machen; das hieße eben nicht gelernt zu haben. Es gilt im Übrigen die Devise des in der Weimarer Zeit bekannten Berliner Redakteurs und Dichters *Alexander Moszkowski: „Geht's nicht mit Strom und nicht mit Dampfkraft, dann geht es gar nicht, auch nicht krampfhaft!"*.

Strategie (griech. *strategos,* Feldherr) ist eine vorrangig langfristige Planung (und damit eine wichtige Leitungsaufgabe), die beispielsweise Unternehmenszielen zugrunde liegt und gegebenenfalls schöpferische Zugänge zum Arbeitsgebiet berücksichtigen sollte. *Kreativität* ist keine Strategie (!); die regelmäßige Nutzung von *Kreativitätstechniken* zur Lösungssuche kann hingegen eine solche sein.

Innovation (lat. *in-novo,* erneuern) bezeichnet die Entwicklung und Einführung von Neuerungen, aber auch das Ergebnis solcher Bemühungen. Neuerungen erfordern Schöpfertum, das allerdings dann auch zeitnah verwirklicht werden muss.

Intelligenz (lat. *intelligens,* einsichtsvoll, kenntnisreich, sachverständig) ist in einfachster Deutung die Gesamtheit der Fähigkeiten und Fertigkeiten, Herausforderungen zu bewältigen und umfasst (auch, aber nicht zwingend) Kompetenzen und Strategien. Sie ist nicht deckungsgleich mit Moral oder Vernunft: Ameisen- und Bienenvölker erzielen durch Arbeitsteilung Leistungen, die weit über das einzelne Mitglied der Gemeinschaft hinausreichen; dies beruht aber auf dem Erbgut, nicht auf Denk- und Entscheidungsvorgängen (würde man Ameisen oder Bienen vor neue Herausforderungen stellen, könnten sie diese nicht bewältigen und würden zugrunde gehen).

Auch künstliche Netzwerke können schöpferisch sein (Stichwort Artificial Intelligence); dies wiederum beruht auf Rechenleistung und Regeln, die vorher festgelegt werden müssen.

Geht es um Menschen, muss Intelligenz nicht dazu führen, dass man mit den Betreffenden gut oder gern zusammenarbeitet; sie können durchaus berechnend, hinterhältig oder geltungssüchtig sein. Intelligenz bewirkt ferner nicht zwingend Schöpfertum. Bestimmte Ausprägungen können dazu befähigen, Aufgaben stur abzuarbeiten, dies aber gründlicher, schneller, kostengünstiger als andere – oder Aufgaben auf Mitmenschen abzuwälzen.

Intelligenz kann also, muss aber nicht auf Innovation gerichtet sein: Manchmal erscheint es sinnvoller, zu verharren, zu beobachten und abzuwarten. Und das Gute oder der Nutzen für das „Große Ganze" ist nicht zwingend ein Ziel: Sich für Kriege zu rüsten (und sie dann zu führen), beflügelt nun schon seit Jahrtausenden ganze Wirtschaftszweige und seit Jahrhunderten ganze Forschungsgebiete. Sind Menschen nicht merkwürdige Wesen?

Schöpferisches Handeln ist wie erwähnt nicht beschränkt auf das Suchen nach Lösungsansätzen, sondern erfordert deren Verwirklichung – mit Wissen und Können, Fähigkeiten und Fertigkeiten. Wie gezeigt haben Menschen im Fall von Herausforderungen stets mehrere Handlungsmöglichkeiten (Abb. 2.2). Allgemeinbildung und Lebenserfahrung, dazu Übung im jeweiligen Berufsfeld, erweitern den Handlungsspielraum (ebenso wie Geld und Zeit, aber wann ist schon einmal alles Gute beieinander ...?) Wie dieser Spielraum genutzt wird, ist wiederum stark abhängig davon, ob die Betreffenden selbst- oder fremdbestimmt, freiwillig oder erzwungen handeln (Abb. 3.1); Selbstbestimmung und Deutungshoheit können durch eine gute Einschätzung der Lage (wieder-)gewonnen werden

(Abb. 3.2). Und dann kann gewählt werden zwischen spontanem oder geplantem Vorgehen (Abb. 3.3).

Die Zusammenhänge lassen sich gut anhand zweier ebenfalls aus Fort- und Weiterbildungen hinlänglich bekannter Modelle zeigen (Abb. 4.1): Der kanadische Psychologe *Albert Bandura* (*1925) schuf ein Modell des Lernens, ursprünglich in Stufenform. Heutigem Verständnis von lebenslangem Lernen entspricht eher die hier gezeigte ständige Wiederholung: Neues wird gelernt, angewendet, teils wieder vergessen, ergänzt und wieder entdeckt, angewendet und so fort … Das Entdecken ist hierbei wichtig: Zunächst bemerken Menschen, oft durch Zufall, dass ihre Mitmenschen mehr wissen oder können; es wird ihnen somit erstmals bewusst. Die Erkenntnis kann plötzlich oder allmählich geschehen, Ängste oder auch Neugier auslösen. Im günstigsten Fall wird sie zum Lernen anregen, vielleicht über ein Nachahmen. Anschließendes Üben bringt Sicherheit, Erfahrung, gar Leichtigkeit. Der Kopf wird wieder frei, Neues zu lernen. Etwas zu wissen und zu können heißt oft, es mit vergleichsweise wenig Anstrengung abrufen zu können. Was aber lange nicht mehr benutzt wurde, wird wieder vergessen. Und auch dies geschieht im Wechselspiel mit der Umwelt. Die beiden US-amerikanischen Sozialpsychologen *Joseph „Joe" Luft* (*1916, †2014) und *Harrington „Harry" Ingham* (*1916, †1995) zeigten das in einem weiteren Modell, bekannt als *Johari-Fenster:* Menschen vergleichen sich mit ihrem Umfeld, erkennen dabei Vorteile und Nachteile (zumindest wenn sie ehrlich mit sich selbst sind). Was sie mit diesen Erkenntnissen anstellen, zeigt sich im Einzelfall; auch hier gibt es mehrere Handlungsmöglichkeiten. Und wenn die Schlussfolgerung lautet, Neues zu lernen, um Nachteile zu überwinden und Vorteile zu erlangen, drängt schon die nächste Entscheidung: Sollen sie die Vorteile nur für eigene Zwecke nutzen – oder doch ihrem gesamten Arbeitsumfeld zugute kommen lassen? Da zeigt sich das Betriebsklima … (Die beiden recht übersichtlichen Darstellungen haben die Form einer 2 × 2-Matrix; das ist ein einfaches Mittel der erwähnten Kombinatorik!).

Wie groß sind die Spielräume für schöpferisches Handeln im beruflichen Alltag? Diese Frage können sich nur die Betroffenen aufgrund ihrer bisherigen Erfahrungen selbst beantworten. Wer Seminare gibt, kennt die Abschlussrunden, in denen die Teilnehmenden sich für das gewonnene Wissen und den guten Austausch bedanken – um dann ihr Bedauern auszudrücken, dass sie so Vieles kaum würden anwenden können: Für solche Neuerungen wäre gerade keine Zeit, Kennzahlen wären wichtiger als Ideen, und so weiter …

Was ist da zu raten? Vielleicht gar nicht so viel, denn das Wichtige ist schon in den bisherigen Ausführungen erwähnt und sei hier noch einmal aus anderen Winkeln gezeigt:

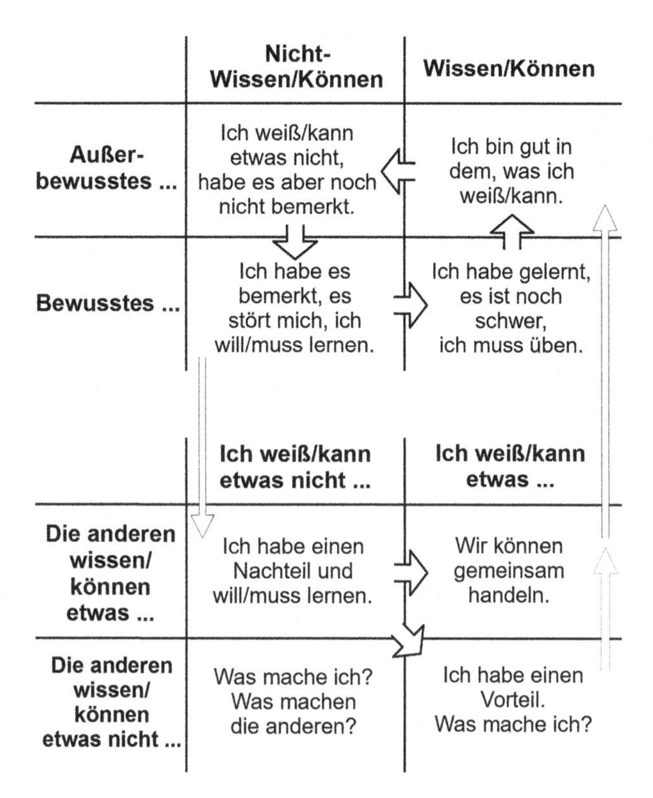

Abb. 4.1 Lernen nach dem Bandura- und dem Johari-Modell

1. Besonderheiten des Arbeitsfeldes. Schon Jugendlichen fällt die Berufswahl nicht leicht; Erwachsene tun sich, wenn auch aus anderen Gründen, ähnlich schwer mit einem beruflichen Wechsel. Einerseits suchen sich Menschen nicht nur ihre Berufe, sondern Berufe suchen sich ihre Menschen; Neigungen und Eignungen sollten jeweils zur Tätigkeit passen, wenngleich völlige Passgenauigkeit selten zu erreichen ist. Der Göttinger Physik-Professor und Aphoristiker *Georg Christoph Lichtenberg* (*1742, †1799) notierte vor 250 Jahren in einem seiner „Sudelbücher" diese Einteilung (eine weitere 2 × 2-Matrix):

- *Brot und Ehre: Jurisprudenz, Medizin, Theologie;*
- *Brot und keine Ehre: Rechnen und Schreiben, Wirtschaft;*
- *Kein Brot, aber Ehre: Poesie, Philosophie;*
- *Kein Brot und keine Ehre: Metaphysik, Logik.*

Heute sind ebenfalls vier, aber ganz andere, Unterscheidungen wichtig:

- *Bin ich abhängig (angestellt, verbeamtet) oder selbständig tätig,*
- *werde ich bezahlt nach Ergebnis oder nach Arbeitszeit,*
- *bin ich beschäftigt mit wiederkehrenden oder immer wieder neuen Arbeiten und*
- *bin ich verpflichtet zur Anwesenheit an einem bestimmten Ort zu bestimmten Zeiten oder eben nicht?*

Daraus ergeben sich nicht nur rechtliche Folgen, sondern die Spielräume für schöpferisches Handeln. Moderne Massengesellschaften und ihre Staatsgebilde beruhen bekanntlich darauf, dass die Menschen Rollen ausfüllen, die zwar wechseln und sich überlagern können, aber immer mit Regeln verbunden sind. Kreativität jedoch bedingt auch, Regeln zu hinterfragen oder zu missachten. Ist ein Berufsfeld für schöpferisch veranlagte Menschen ganz klar nicht das Richtige, können sie entweder versuchen, sich in und mit der Tätigkeit weiterzuentwickeln, oder nach anderen Tätigkeitsfeldern umzusehen, schon um nicht an Über- oder Unterforderung irre zu werden.

2. Wahl der Mittel. Es gibt wie erwähnt keine Pflicht zu Kreativität. Menschen, die weniger schöpferisch sind als andere (oder sich so fühlen), sind deshalb weder schlechte Menschen noch schlechte Beschäftigte. Der Zweck heiligt in der Arbeitswelt die Mittel – selbstverständlich soweit diese in einem gewissen rechtlichen, fachlichen, wirtschaftlichen und moralischen Rahmen bleiben. Ziele lassen sich auch mit Gründlichkeit und Fleiß erreichen oder mit der geplanten Suche nach Lösungsansätzen (Stichwort *Kreativitätstechniken*). Sich nur auf schöpferische Eingebungen zu verlassen, ist im Übrigen etwas Ähnliches, wie sich dauerhaft vom Wettbewerb treiben zu lassen: Es heißt, sich dem Zufall auszuliefern. Das kann nicht lange gut gehen. Schon deshalb ist Kreativität kein Patentrezept und ersetzt nicht Planung, wenngleich in der Aufstellung eines Unternehmens Raum und Zeit für Kreativität sein sollten. Kreativität entsteht oft als Ausdruck eines Bedarfs, aus mehr oder minder bewussten Bedürfnissen. Und da wirken erfahrungsgemäß eher die wahrgenommenen Fehler, Mängel, Störungen, Zwänge. Aus geregelten Abläufen lässt sich weniger lernen; und zudem machen Wohlstand, Überfluss, Zufriedenheit nicht zwingend schöpferisch. Zuletzt sei noch erwähnt: Ist die Wahl der Mittel nicht klar, sind oft bereits die Ziele nicht klar. Das ist eine Leitungsaufgabe!

Eine weitere Abbildung zeigt die acht Handlungsstränge, die sich bei Begegnung mit einer Herausforderung ergeben können (Abb. 4.2). Sie beruht auf drei aufeinander folgenden, jeweils zweiseitigen Unterscheidungen, die zu $2^3 = 8$

Abb. 4.2 Die acht Arten von Lösungen

	Problem		Methode		Resultat	
	alt *	neu	alt *	neu	alt *	neu
1	●		●		●	
2	●		●			●
3	●			●	●	
4	●			●		●
5		●	●		●	
6		●	●			●
7		●		●	●	
8		●		●		●

* bekannt, befürchtet, bewährt, erprobt, erwartet, vertraut, ...

Fällen führen (auch das stammt aus der Kombinatorik): Ist die Herausforderung *(Problem)* bekannt oder nicht, gibt es erprobte oder zumindest irgendwelche Mittel *(Methode),* und was könnte sich an zu erwartenden oder außergewöhnlichen Ergebnissen *(Resultat)* einstellen? Sie gehört zu der oben gezeigten Abbildung von Handlungsmöglichkeiten (Abb. 2.2):

Fall 1 bedeutet *Normalität:* Was „schon immer" oder üblicherweise so gemacht wurde, mag auch ein weiteres Mal zum Erfolg führen. Fall 2 sollte Anlass zu einer Fehlersuche und/oder zur Wiederholung des Versuchs sein. Die Fälle 3 und 4 zeigen den Willen, etwas Neues zu erproben. Das kann schöpferisch mit völlig neuen Mitteln geschehen, durch Lernen vom Vorbild, durch „Versuch und Irrtum", nach Anweisung von Vorgesetztem oder nach strengem Versuchsplan. Alle diese Fälle beruhen aber auf bekannten Herausforderungen.

Die Fälle 5 und 6 beziehen sich auf neue Herausforderungen. Hier werden bekannte und erprobte Mittel eingesetzt, was zum Erfolg führen kann oder eben nicht. Wer es nicht versucht, wird es nicht erfahren. Die Fälle 7 und 8 umfassen den Einsatz neuer Mittel, also jeweils einen insgesamt neuen Ansatz. Auch hier können zwei Arten von Ergebnissen erzielt werden, einfach ausgedrückt erwünschte und nicht-erwünschte.

Wie in solchen Fällen letztlich verfahren wird, ist abhängig von den Beteiligten, ihren Erfahrungen, dem Leidens-, Kosten- und Zeitdruck, dem Zufall und manchmal anderen Wirkungsgrößen. Wer das als weder befriedend noch erfreulich empfindet, möge sich im Einzelfall fragen, was anderenfalls möglich ist und warum es nicht versucht wird … Die gelegentlich geäußerte Ansicht, es wäre allemal besser, irgendwie zu entscheiden als gar nicht zu entscheiden, ist schon aus Haftungsgründen mit Vorsicht zu genießen; zumindest „nach bestem Wissen und Gewissen“ sollte es geschehen.

5 Ergebnisse: Wirkungen im Umfeld

1. Veränderung. Kreativität verursacht, wenn sie das Handeln lenkt, stets Veränderungen; diese erscheinen örtlich, zeitlich, inhaltlich: Die Betreffenden machen nun etwas (1.) anders als früher oder (2.) anders als andere in ähnlicher Lage (sehr wichtig im Wettbewerb). Die Vergangenheit wird mit der Gegenwart verglichen, und es wird für die Zukunft geplant. Das geschieht aber immer aufgrund von (angenommenen) Wahrscheinlichkeiten, nie mit völliger Sicherheit: Was heute richtig erscheint, kann sich morgen als völlig falsch herausstellen – und umgekehrt. Anders ausgedrückt hat schöpferisches Handeln, wie jedes andere Handeln,

- kurz-,
- mittel- und
- langfristige Wirkungen.

Kurzfristig ist das alltägliche Handeln im Rahmen der Unternehmensziele. Das ist das übliche Tagesgeschäft; es wird nach Tagen, Wochen, Monaten bemessen, höchstens geht es um ein Geschäftsjahr. Mittelfristig geht es um zwei oder drei Jahre, das ist in manchen Branchen heutzutage schon viel. In dieser Zeit können neue Vorhaben umgesetzt werden – oder auch nicht. Langfristig zu planen und zu handeln ist eine wichtige unternehmerische Aufgabe, aus der sich die Unternehmensziele ergeben. Schöpferisches ebenso wie geplantes Handeln ist sinnvoll; die Folgen dieses Handelns können dabei

- erwünscht,
- nicht erwünscht
- oder zunächst gleichgültig sein.

M. H. Kraus, *Kreativität: Stichworte, Ansätze, Grenzen*, essentials,
https://doi.org/10.1007/978-3-658-42128-1_5

Kreativität wiederum kann im jeweiligen Umfeld gut und hilfreich wirken, wenn sie

- den Betreffenden und ihrem Arbeitsumfeld neue Erkenntnisse verschafft, zu besseren Arbeitsergebnissen führt, Vorteile im Wettbewerb und damit dem Unternehmen mehr Umsatz und Gewinn, den Beschäftigten mehr Einkommen bringt,
- dabei dem Selbstwertgefühl und dem Selbstbewusstsein aller Beteiligten zugutekommt und
- einen Beitrag zum Fortschritt des Unternehmens, das Arbeitsgebiets, der Gesellschaft darstellt.

Kreativität kann aber im jeweiligen Umfeld auch störend und lästig sein, also

- zu Anfeindung und Ausgrenzung der Betreffenden führen,
- mit „spannenden", schnellen, spontanen Scheinlösungen von den eigentlich richtigen Lösungen ablenken, damit Mehraufwand verursachen, oder
- Störungen bestehender gesellschaftlicher (wie etwa betrieblicher) Gleichgewichte erzeugen.

2. Fortschritt und Verantwortung. Auch Fortschritt ist ein sehr heikler Begriff, der seit dem 19. Jahrhundert nicht nur in Deutschland häufig benutzt wird – leider eben auch für Entwicklungen, die Menschen großen Schaden zufügten. Es sei nur daran erinnert, bei welchen Gelegenheiten im 20. Jahrhundert die Schaffung eines „neuen Menschen" angekündigt wurde und wie oft dies mit Massengräbern und Trümmerhaufen endete. Neues sollte heutzutage nur dann als Fortschritt bezeichnet werden, wenn es das Leben zumindest einer deutlichen Mehrheit der Betroffenen verbessert: Nicht alles Neue ist gut, nicht alles Alte ist schlecht. Daher sollte sich, wer schöpferischen handeln will, darauf besinnen, dass Erfindungsgeist nicht von Verantwortung befreit: Es sind genau wie bei nicht-schöpferischem Handeln jeweils die Folgen abzuschätzen.

*Ein warnendes Beispiel ist das Lebenswerk eines Berufskollegen des Verfassers: Der US-amerikanische Chemiker Thomas Midgley (*1889, †1944) galt als überaus erfinderisch und geschäftstüchtig. Ihm ist es einerseits zu verdanken, dass über Jahrzehnte Benzin mit Tetraethylblei* $(C_2H_5)_4Pb$ *versetzt wurde, um es klopffest zu machen, und dass andererseits Kühlschränke und Kühlanlagen mit sicheren, billigen, weder giftigen noch brennbaren, neuen Kühlmitteln betrieben wurden, nämlich Fluorchlorkohlenwasserstoffen wie* $CFCl_3$, CF_2Cl_2, *... Beide Entdeckungen aus den 20er Jahren hatten verheerende Folgen: Das die Bleiverbindung hochgiftig* *war, wusste der Forscher; bald gab es erste Todesfälle, auch er selbst hatte sich damit vergiftet. Noch heute ist die weltweite Bleibelastung von Mensch und Umwelt aufgrund seiner Neuerung höher als vor 100 Jahren. Dass FCKW die Ozonschicht angreifen würden, konnte er wohl nicht wissen; aber auch dies wirkt bis heute. Nun haben beide Neuerungen zweifellos die massenhafte Ausstattung auch geringverdienender Haushalte mit Fahrzeugen und Kühlschränken gefördert. Doch wie hoch war der gesellschaftliche Preis? (Ähnliches gilt übrigens für die weltweite Verbreitung von Kunststoffen, von hochverarbeiteten, aber preisgünstigen Nahrungsmitteln oder die jahrzehntelange bedenkenlose Anwendung von Antibiotika.) Der findige Forscher erkrankte später an Kinderlähmung; um vom Bett aus handlungsfähig zu bleiben, erfand er eine Vorrichtung mit Rollen, Seilzügen und Hebeln – mit der er sich versehentlich erdrosselte ...*

3. Lösungen und Ziele. Es wurden mehrfach die Handlungs- und Wahlmöglichkeiten von Menschen in verschiedensten Lebenslagen betont. Das gilt nicht nur für die sich zeigende Herausforderung, sondern auch für die Lösungen für den Fall, dass deren mehrere gefunden wurden. Im betrieblichen Alltag ist es nicht nur wichtig, Ziele und Zuständigkeiten klar darzustellen, sondern in Entscheidungs- und Zweifelsfällen das Handeln begründen zu können: Wird eine Lösung bevorzugt,

- die am schnellsten umzusetzen ist,
- am einfachsten oder
- am billigsten erscheint (gegebenenfalls beides),
- die besonders öffentlichkeitswirksam ist,
- die von anderen bereits erfolgreich versucht wurde,
- noch nie irgendwo versucht wurde,
- die rechtlich am sichersten erscheint,
- besonders karrierefördernd für einzelne Beteiligte ist
- die Arbeitsabläufe am wenigsten stört oder
- im Umfeld den wenigsten Widerstand erzeugt

oder doch lieber eine, die den Bedürfnissen der Beteiligten ebenso wie der Wirtschafts- und Rechtslage am besten entspricht? Ist etwa ein Pflichtenheft für Lösungen gefragt? Darüber lohnt es sich zumindest in großen Unternehmen nachzudenken (Stichwort *Corporate Social/Environmental Responsibility*). Eine gute erste Maßnahme, auch in kleinen Unternehmen, ist es eher darüber nachzudenken, wie man den Beschäftigten und dem Umfeld Veränderungen nahebringt. Das betrifft „hausgemachte“ betriebliche Neuerungen ebenso wie Herausforderungen von außen.

Wer kennt nicht Betriebsversammlungen, Tagungsbeiträge oder Pressekonferenzen, auf denen die „Verantwortlichen“ den „Betroffenen“ wieder einmal erklären, dass der Fortschritt hart und der Gürtel eng ist? Es sind dieselben Verantwortlichen, die sich später beklagen, dass die nötigen Veränderungen von so wenigen Leuten mitgetragen werden. Wen wundert das? Was man ohnehin bezahlen muss, will man nicht noch tragen … Veränderungen ankündigen, heißt auch Ängste auszulösen. Gegen Ängste helfen (zumindest ein wenig) Lagebilder. Lagebilder umfassen das Gute und das Schlechte; sie müssen zeigen, was sich vermutlich ändert, aber auch, was vermutlich gleich bleibt; das ist nicht nur ein sachliches, sondern auch ein moralisches Erfordernis.

Manchmal ist es hilfreich, sich ein Unternehmen oder eine Behörde als Maschine vorzustellen in dem Sinn, dass bestimmte Eingänge *(input)* zu bestimmten Ausgängen *(output),* also erwartbaren Ergebnissen führen sollen (Abb. 5.1). Dieser Vergleich lässt keinesfalls die Leistungen der beteiligten Menschen schwinden; er verweist vielmehr auf die Zwecke, die solche Einrichtungen in der Gesellschaft zu erfüllen haben, und auf die Außenwirkung *(Kraus 2023):* Eine *Trivial Machine* ist im wörtlichen Sinn berechenbar; sie liefert, was von ihr erwartet wird. Eine *Non-trivial Machine* der einen Art arbeitet hingegen mit Mehrdeutigkeiten, gar mit Zufallsentscheidungen: Es ist eben nicht berechenbar, was herauskommt. Und eine *Non-trivial Machine* der anderen Art macht aus beliebigen Eingängen immer wieder das Gleiche … Das soll daran erinnern, dass beispielsweise Vertrags- und andere Rechtsbeziehungen in großen Gesellschaften nicht ohne *Standardisierung* und *Formalisierung* gelingen. Die Versorgung mit Strom oder Wasser, der Lebensmittel-Einzelhandel, aber auch die Wohnungswirtschaft arbeiten teils mit großen Fallzahlen. Verhandlungen über Einzelheiten sind zwar grundsätzlich möglich, würden aber über Einzelfälle hinaus das Geschäftsleben lähmen. Ähnliches gilt für die Gerichtsbarkeit. Die Handlungsspielräume für Schöpfertum sind gewiss immer wieder vorhanden, aber im Arbeitsalltag nicht typisch.

Dem italienischen Schriftsteller und Sprachwissenschaftler *Umberto Eco* (*1932, †2016) sind zwei weitere Ansätze zu verdanken (*The WOM,* 1993): Eine *Without Input Machine* erzeugt Ergebnisse aus sich selbst, ohne jegliche Anregung aus der Umwelt; eine *Without Output Machine* kann hingegen alles aus der Umwelt aufnehme, ohne jemals etwas zurückzugeben. Ein Beispiel für Erstere wäre Gott und für Letztere ein Schwarzes Loch (wobei sich selbst dieses an gewissen Wirkungen erkenne lässt). Und eine Maschine, die ausschließlich ihre

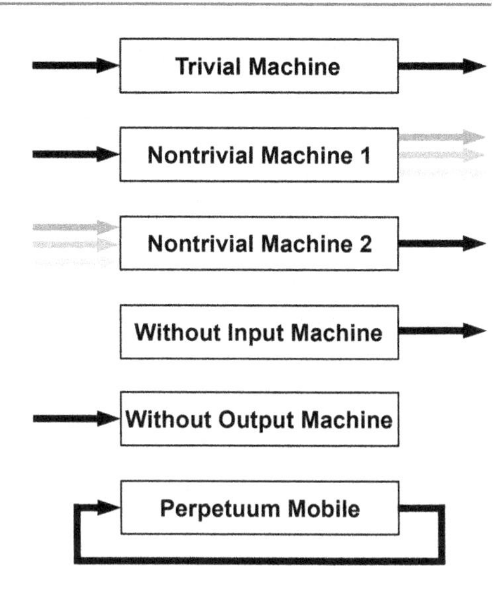

Abb. 5.1 Organisation als Maschine (Kraus 2023)

eigenen Ausgänge und nichts weiter nutzt, ist das *Perpetuum Mobile* (lat. sich ständig Bewegendes).

Welches dieser Bilder passt wohl zum eigenen Arbeitsumfeld? Wohlgemerkt müssen Selbst- und Fremdbilder nicht übereinstimmen: Ein scheinbar in sich ruhendes Unternehmen (oder eine Behörde) kann durchaus Schauplatz täglichen Ringens um die richtigen Entscheidungen sein, kann von den Beschäftigten als lebendiges und forderndes, aber auch stressiges oder aufreibendes Treiben empfunden werden. Auch muss scheinbare Ruhe nicht auf Trägheit, Langeweile oder Ratlosigkeit hindeuten, sondern kann *Seriosität* und *Professionalität* anzeigen …

6 Herausforderungen der Zukunft

In der Wohnungs- und Grundstücks-, ebenso wie in der Bauwirtschaft gibt es im Tagesgeschäft grundsätzlich viele Gelegenheiten, schöpferisch zu denken und zu handeln:

- Dabei geht es sowohl um Entwurf und Errichtung von Bauwerken oder ganzen Stadtteilen,
- dies in Zeiten steigender Preise für Baustoffe und Strom sowie des Fachkräftemangels,
- mit unterschiedlichen, oft widersprüchlichen Anforderungen und Bedürfnissen, die in der Stadt- und Raumplanung zu vereinbaren sind (Belebung der Innenstädte, Verkehrsplanung für die Zukunft, Wohnverhältnisse und Nachverdichtung, …),
- was die zukunftsfähige und nachhaltige Wärme-, Wasser- und Stromversorgung sowie die Vernetzung von Wohngebieten einschließt
- oder den Schutz der Bestände vor wahrscheinlicher werdenden Sturm-, Hagel-, Starkregen- oder Hochwasserschäden,
- die Vermarktung oder (Um-)Nutzung „schwieriger" Liegenschaften im Einzelfall ist zu nennen,
- die Verzögerung von Vorhaben durch langwierige und kostspielige amtliche oder gerichtliche Verfahren,
- wirtschaftliche Krisen mit vielfältigen Folgen (Verzögerungen, Zahlungsausfälle, Kaufkraftschwund, Leerstand, …),
- aber auch die schwieriger werdende mittel- bis langfristige unternehmerische Planung in einer von Krisenerscheinungen gekennzeichneten Gesellschaft mit immer neuen Rechtsvorschriften, Zeit- und Kostendruck,

M. H. Kraus, *Kreativität: Stichworte, Ansätze, Grenzen*, essentials,
https://doi.org/10.1007/978-3-658-42128-1_6

Kommunikation ist überwiegend ...

	formell	informell
konstruktiv	Leitungskräfte und Beschäftigte arbeiten miteinander, verstärken sich gegenseitig; Ziele und Mittel, Stärken und Spielräume sind bekannt.	Leitungskräfte und Beschäftigte nutzen und erweitern ihre Möglichkeiten im freien Austausch, verwenden dabei auch völlig neue Ansätze.
destruktiv	Leitungskräfte missbrauchen Macht, Verfolgung von Zielen ist beeinträchtigt; Mängel und Schwächen werden ausgenutzt.	Machtspiele, Gerüchte, Druck sind allgegenwärtig, Ziele können kaum noch verfolgt werden, Unternehmen ist in schlechtem Zustand.

Abb. 6.1 Kommunikation im Arbeitsumfeld als Voraussetzung für zielführendes, gemeinsames Arbeiten

- ferner (zu) anspruchsvolle Bauherren oder öffentliche Auftraggeber, die mit häufigen Planergänzungen, Sonderwünschen und Schuldzuweisungen den Arbeitsablauf immer wieder beeinträchtigen.

Das gesellschaftliche Umfeld wird ständig fordernder und anspruchsvoller. Damit steigt die Notwendigkeit, nicht nur arbeitsteilig und umsichtig vorzugehen; im Unternehmen werden (zumindest wäre es wünschenswert) die Beiträge einzelner Beschäftigter wertvoller. Schöpferisches Handeln sollte daher von „oben“ und „unten“ möglich sein, und beides sich ergänzen *(top down – bottom up)*. Dies sei durch eine weitere Darstellung verdeutlicht (Abb. 6.1).

Es gilt die einfache Regel, dass kleinteilige, locker gekoppelte Netzwerke, die im Zweifels- und Störfall Raum für verschiedene Handlungsmöglichkeiten lassen, Krisen besser überstehen als starre Einheiten. Die Wohnungs- und Grundstückswirtschaft ist mit ihrer vielgliedrigen, vorrangig örtlichen Aufstellung hier von der Art des Geschäftsfeldes grundsätzlich zukunftsfähiger als manche Technologiebranche. Doch die Zahl der gesellschaftlichen oder klimabedingten *Risikofaktoren* wird sich absehbar nicht verringern *(Kraus 2021)*. Anders als in der Werbung oder in der Kunst, wo die Antwort meist Kreativität lautet, ganz egal, was die Frage war, ist in anderen Branchen breit angelegtes Denken und Handeln gefragt. Selbstverständlich ist das eine Frage von Maßstab und Richtung: Wer ein Haus entwirft, hat (meist) größere Gestaltungsspielräume als diejenigen, die es anschließend verwalten und verwerten müssen. Und die Anteilseigner eines Wohnungsunternehmens wünschen sich von der Geschäftsleitung vielleicht nicht vorrangig spontane, neue, sondern langfristig sinnvolle, bewährte Ansätze. Doch bei der Verwertung einer einzelnen Liegenschaft oder dem Zusammenwirken mit Behörden, Unternehmen und Vereinen zur Entwicklung eines Siedlungsgebiets können neue Wege durchaus das Richtige sein. Ob es die rollierende Instandhaltungs- und Sanierungsplanung ist, die Zusammenarbeit bei der Wärmeversorgung eines Quartiers, die Einbindung der örtlichen Wohlfahrtsverbände bei der altersgerechten Gestaltung einer Wohnanlage oder ein neues Finanzierungsmodell für Wohneigentum – wird aus dem „geht nicht" ein „geht noch nicht" oder „geht so nicht", kann das bereits ein Etappenziel sein.

Ansätze zum „Selbstdenken" sind grundsätzlich selten falsch; sie mögen sich aber immer wieder merkwürdig anfühlen in einer Moderne des „Sich-unterhalten-Lassens", des „Sich-belehren-Lassens", des „Sich-versorgen-Lassens". Das ist nur eine Sache der Übung; und ob die Art der Herausforderung und die Art des Arbeitsumfeldes schöpferisches Handeln eher fördern oder behindern, ist im Einzelfall zu prüfen. Zeigt sich guter Wille bei allen Beteiligten, aber Mangel an erprobten Ansätzen, ist das nicht die schlechteste Grundlage; Mutlosigkeit und Angststarre schaden hingegen ganz gewiss. Die Wirksamkeit mehr oder minder schöpferischer, aber auch aller sonstiger Ansätze im Geschäftsleben zeigt sich letztlich an den „üblichen" betriebswirtschaftlichen Größen wie Marktanteil, Umsatz, Gewinn, der Zielerreichung bei einzelnen Vorhaben und selbstverständlich in der Zeitspanne, die ein Unternehmen am Markt tätig ist: Was haben wir anders (besser, schneller, gründlicher, einfacher, kostengünstiger, nachhaltiger, gewinnbringender, …) gemacht als die Wettbewerber? Auch das ist nicht wirklich neu.

Ich füge hinzu, es würde nur geringen Aufwand kosten, zu zeigen, dass das Hinzukommende oft ebenso wirklichkeitsmächtig ist wie das, zu dem es hinzukommt, gelegentlich mächtiger. Wäre es anderes, wären Menschen nur dem Anschein nach veränderbare und lernende Wesen.
„Gut", „richtig" und „angemessen" sind Namen für das Außerordentliche, in dessen Natur es liegt, im Gewand des Normalen zu erscheinen.
*Peter Sloterdijk (*1947): „Du musst dein Leben ändern" (2009).*

7 Anhang

7.1 Kreativitätstechniken

Es folgen 15 bekannte, niederschwellige Verfahren, die im Arbeitsalltag, aber auch in anderen Bereichen des Lebens angewendet werden können *(Kraus 2019)*.

1. **BrainStorming (Einzel- oder Gruppenarbeit)**

Die Beteiligten notieren zu einem Problem in einer bestimmten Zeit Lösungsansätze, Fragen oder sonstige Gedanken. Diese werden anschließend für alle sichtbar aufgezeigt *(Flipchart, Whiteboard, …)* und gegebenenfalls kurz erläutert. Es wird nur gesammelt, nicht ausgewählt, bewertet, gewichtet!

2. **Hausaufgabe (Einzelarbeit)**

Da nicht jeder Mensch „auf Befehl" schöpferisch ist und schwierige Angelegenheiten ohnehin Bedenkzeit erfordern (Rechtsrat, Recherchen, Budgetierung, …), kann Verfahren 1 auch innerhalb einer bestimmten Zeit (ein Tag, eine Woche, aber nicht länger) erledigt werden.

3. **MindMapping (Einzel- oder Gruppenarbeit)**

Die mit den Verfahren 1 und 2 gesammelten Begriffe oder Lösungsvorschläge werden, möglichst in der Gruppe, bildlich in eine sinnvoll erscheinende Ordnung gebracht – als Netzwerk, Raster oder was sonst brauchbar erscheint *(Visualisierung)*.

M. H. Kraus, *Kreativität: Stichworte, Ansätze, Grenzen*, essentials,
https://doi.org/10.1007/978-3-658-42128-1_7

4. **Priorisierung (Gruppenarbeit)**

Die mit den Verfahren 1 oder 2 gesammelten Begriffe oder Lösungsvorschläge können zur weiteren Bearbeitung gewichtet werden: Jedes Gruppenmitglied hat so viele Stimmen, wie es Lösungsansätze auf der Liste gibt, und verteilt diese nach Bedarf; zum Schluss wird ausgezählt.

5. **Priorisierung (Einzel- oder Gruppenarbeit)**

Die mit den Verfahren 1 oder 2 gesammelten Begriffe oder Lösungsvorschläge können zur weiteren Bearbeitung auch wie folgt gewichtet werden: Die Gruppenmitglieder vergleichen paarweise alle Lösungsansätze, gegebenenfalls nach festzulegenden Regeln; der jeweils höher Bewertete erhält einen Punkt, zum Schluss wird ausgezählt. Um n Lösungsansätze zu vergleichen, sind $\frac{1}{2} \cdot (n^2 - n)$ Vergleiche erforderlich (ein weiterer Ansatz aus der Kombinatorik). Fünf Vorschläge A, B, C, D, E werden also wie folgt verglichen:

A und B, A und C, A und D, A und E
B und C, B und D, B und E
C und D, C und E
D und E

6. **Ausschlussverfahren (Gruppenarbeit)**

Die Beteiligten können Lösungsansätze, die mit den Verfahren 1 oder 2 entstanden sind, ausschließen, wenn sie ihnen nicht geeignet erscheinen:

- Was wollen wir nicht?
- Was können wir nicht?
- Was dürfen wir nicht?

Dies kann verfeinert werden:

- Was ist zu teuer?
- Was ist zu schwer?
- Was ist verboten?
- Was ist zu gefährlich/riskant?
- Was dauert zu lange?

Im besten Fall wird genug ausgeschlossen, um eine übersichtliche Grundmenge für eine Entscheidung zu erzeugen.

7. **Liste (1) (Einzel- oder Gruppenarbeit)**

Mitunter ist es sinnvoll, Ansätze und Vorschläge, vielleicht auch nur einzelne Begriffe in verschiedenen Reihenfolgen anzuordnen, etwa um bestimmte Arbeitsabläufe zu hinterfragen oder neue gedankliche Verbindungen zwischen Begriffen zu finden. Dabei können n Begriffe in $1 \times 2 \times 3 \times \ldots \times n = n!$ („Fakultät") Reihenfolgen angeordnet werden (nun ist es schon müßig, die zugrunde liegende Kombinatorik zu erwähnen …). Vier Begriffe A, B, C, D sind demnach so zu ordnen:

ABCD, ABDC, ACBD, ACDB, ADBC, ADCB
BACD, BADC, BCAD, BCDA, BDAC, BDCA
CABD, CADB, CBAD, CBDA, CDAB, CDBA
DABC, DACB, DBAC, DBCA, DCAB, DCBA

8. **Liste (2) (Einzel- oder Gruppenarbeit)**

Die Beteiligten notieren eine Liste von Begriffen oder Gedanken nach dem Alfabet. Dabei muss nicht zu jedem Buchstaben etwas gefunden werden. Die Listen werden im Gespräch miteinander verglichen, was meist neue Ansätze hervorbringt.

9. **635-Methode (Gruppenarbeit)**

Sechs Beteiligte notieren zu drei Aufgaben/Herausforderungen jeweils einen Gedanken, geben die Liste weiter an ihre Nachbarn (Richtung des Weitergebens ist vorher festzulegen); diese verfahren entsprechend, bis alle Listen wieder bei den ursprünglichen Beteiligten angekommen sind. Im besten Fall entstehen nachvollziehbare und verwertbare Gedankengänge. Das Format ist auch als 534-, 524- oder 423-Methode durchführbar.

10. **Disney-Methode (Einzel- oder Gruppenarbeit)**

Es sind drei Stühle erforderlich, beschriftet mit „Träumer", „Realist" und „Kritiker"; bei der Arbeit mit Gruppen sind drei benachbarte Räume sinnvoll. Als

„Träumer“ beschreiben die Beteiligten alle Ziele, Absichten, Wünsche, Erwartungen, Hoffnungen, die jeweils gerade für sie wichtig sind. Als „Realisten“ überdenken sie mit der Hilfe ihrer Lebenserfahrung, wie wahrscheinlich die Umsetzung ist, welche Ressourcen sie bereits haben oder noch brauchen. Als „Kritiker“ suchen sie die Schwachstellen in den Ideen der „Träumer“. Es darf es keinen Wechsel vom “Träumer“ zum „Kritiker“ geben; dazwischen ist immer der „Realist“. Die Reihenfolge wird – in beiden Richtungen – so lange durchlaufen, bis die Gedanken und Gefühle stimmig erscheinen und sich ein Zielbild formt.

11. **Upside-Down-Methode (Gruppenarbeit)**

Die Beteiligten denken nicht wie „üblich“ („Was ist zu tun, damit … gelingt?“); sie denken stattdessen darüber nach, wie sie ihr jeweiliges Vorhaben gezielt scheitern lassen können („Was ist zu tun, damit … misslingt?“). Dieser Ansatz nutzt die verbreitete Neigung, nach Fehlern, Mängeln, Schwächen zu suchen. Bei so manchen Mitmenschen zeigt sich erstaunlich viel Einfallsreichtum, wenn sie „böse“ sein dürfen …

12. **Szenario-Technik (Gruppenarbeit**

Die Beteiligten denken gemeinsam darüber nach, welche Entwicklungen sich aus einem bestimmten Vorhaben ergeben können – im Guten und im Schlechten *(Best Case/Worst Case)*. Das umfasst

- die menschlichen, zeitlichen, rechtlichen oder wirtschaftlichen Folgen,
- die Nah- und Fernwirkungen (Arbeitsumfeld, Gesellschaft),
- die Abwägungen von Aufwand und Nutzen, Chancen und Risiken …

Soweit möglich, ist dies mit Zahlen zu hinterlegen und Erfahrungen Anderer mit der Bewältigung ähnlicher Herausforderungen abzugleichen *(Best Practice)*.

13. **Als-ob-Rahmen (Einzel- oder Gruppenarbeit)**

Die Beteiligten werden dabei angeleitet, sich die bereits bewältigte Herausforderung vorzustellen; das soll verdeutlichen, welche noch blockierten Kräfte freigesetzt werden können:

- Wie würde sich das anfühlen?
- Was wäre anders (besser, leichter, angenehmer, …) als heute?

- Welche anderen Herausforderungen wären damit gleichfalls „erledigt“?
- Welche Freiräume für andere Vorhaben entstünden?
- Was ließe sich für ähnliche Fälle lernen?

14. **Ressourcen-Inventar (Gruppenarbeit)**

Die Beteiligten vergewissern sich zunächst ihres Ziels *(Formulierung, Visualisierung)*. Dazu können übliche Modelle wie SMART genutzt werden. Dann notieren sie gemeinsam alle Ressourcen, die sie (1.) dafür bereits haben und (2.) noch zu benötigen glauben (Zeit, Geld, Fachwissen, Verstärkung, ...). Dann wird das Ziel soweit wie möglich in Teilziele gegliedert, die Arbeit wird aufgeteilt. Eventuell ergeben sich hierfür mehrere Möglichkeiten. Für jede davon werden die benötigten Ressourcen erörtert und gewichtet; alles ist möglichst genau zu beziffern. Es zeigen sich Denkfehler und Schwachstellen, für die es (Teil-)Lösungen zu finden gilt. Ist dies nicht möglich, muss am Ziel gearbeitet werden: Sind Inhalte, Zeit- und Kostenrahmen wirklichkeitsnah, gibt es zu viele oder zu wenige Mitwirkende, fehlt Fachwissen ...?

15. **Zeitbilanz (Einzel- oder Gruppenarbeit)**

Sind Ziele und Mittel klar, mangelt es vielleicht an der Zeit. Zur näheren Untersuchung notieren die Beteiligten alle erforderlichen Verrichtungen in einem bestimmten Zeitraum, bestimmen deren Anteile und benoten diese (1 für „sehr gut/angenehm“ bis 5 für „sehr schlecht“). Daraus ergibt sich eine gewichtete Bewertung für den gesamten Zeitraum. Als Beispiel dient hier eine Arbeitswoche ($7\ d \times 24\ h = 168\ h$) (Tab. 7.1). In diesem Beispiel zeigen sich zu behebende Schwierigkeiten etwa, wenn die Schlafzeit deutlich unter 33 % der Gesamtzeit liegt (und dies regelmäßig), wenn Verrichtungen stets als besondere Belastung empfunden und damit stets unter Stress erledigt werden. Auch ist zu hinterfragen, was sich hinter erstaunlich umfangreichen Posten wie „Sonstiges“ verbirgt oder ob Verrichtungen zeitsparender erledigt oder verlagert werden können: Selbst Verrichtungen mit zahlenmäßig geringem Zeitbedarf können, wenn sie als sehr belastend empfunden werden, die Gesamtnote erheblich beeinflussen. Das Ziel ist eine Zeitgliederung, die von den Beteiligten als sinnvoller, gesünder und zielführender als bisher empfunden wird. Es ist zu beraten, wie dies erreicht werden könnte.

Tab. 7.1 Zeitbilanz am Beispiel einer „typischen" Woche

Verrichtung	Zeitumfang	Zeitanteil	Note	Gewichtung
Arbeit	40 h	23,8 % = 0,238	3	0,238 × 3 = 0,714
Schlaf	40 h	23,8 % = 0,238	1	0,238 × 1 = 0,238
Essen	18 h	10,7 % = 0,107	2	0,107 × 2 = 0,214
Familie	24 h	14,3 % = 0,284	1	0,284 × 1 = 0,284
Freundeskreis	4 h	2,4 % = 0,024	2	0,024 × 2 = 0,048
Fahrzeiten	12 h	7,1 % = 0,071	5	0,071 × 5 = 0,355
Hobby	4 h	2,4 % = 0,024	1	0,024 × 1 = 0,024
Sonstiges (?)	26 h	15,5 % = 0,155	4	0,155 × 4 = 0,62
Summe	168 h	100 %		2,5

7.2 Leitfragen

Selbstbefragung für Beschäftigte

- *Halte ich mich für schöpferisch oder nicht, und warum? Halten Menschen, die mir wichtig sind, mich für schöpferisch oder nicht, und warum?*
- *Welche Erfahrungen habe ich mit Neuerungen gemacht, die ich selbst erdacht und umgesetzt haben?*
- *Welche Erfahrungen habe ich mit Neuerungen gemacht, die ich umsetzen musste (Anweisungen von Vorgesetzten, Änderungen von Rechtsgrundlagen, …)?*

Selbstbefragung für Führungs-/Leitungskräfte

- *Nutze ich die Arbeitsteiligkeit in meinem Verantwortungsbereich? Kenne ich die Stärken und Schwächen der Beschäftigten und kann ich sie entsprechend einsetzen?*
- *Lerne ich aus Fehlern, und wie? Wie gehe ich mit Fehlern um, die ich gemacht habe, und wie mit Fehlern, die Beschäftigte aus meinem Verantwortungsbereich gemacht haben?*
- *Halte ich mich für schöpferisch, und hilft mir das im Arbeitsalltag? Kenne ich meine Freiheitsgrade und Handlungsspielräume?*

Selbstbefragung für beide Gruppen

- *Arbeite ich in einem beruflichen Umfeld, das Neuerungen erfordert und belohnt, oder eher nicht? Lohnt es sich für uns, hier über Neuerungen nachzudenken?*
- *Halte ich Deutschland für ein Land, in dem Neuerungen gewünscht und belohnt werden, oder nicht, und warum?*
- *Habe ich ein Zielbild für die nächsten Jahre oder nicht? Glaube ich vielleicht, dass ich heutzutage sowieso nicht vorausdenken kann, oder dass es sich für mich nicht lohnt?*

Scherzfragen (die meist gar nicht so lustig sind, wenn man mitten im Problem steckt …)

- *Wollen wir eine Lösung, oder erfreuen wir uns an dem Problem?*
- *Steckt in dem kleinen Problem ein großes, das heraus möchte, oder umgekehrt?*
- *Finden wir eine Lösung, oder werden wir Teil des Problems?*
- *Besteht das Problem etwa in der Lösung?*
- *Sollen wir uns wirklich mit einem Problem befassen, für das wir keine Lösung haben?*
- *Besteht die Lösung darin, jemanden zu finden, der das Problem löst?*
- *Sind Lösungen die Ursache des Problems?*
- *Erzeugt die Lösung dieses Problems etwa ein neues?*
- *Passt eine gute Lösung zu jedem Problem?*
- *Verschwindet das Problem noch vor der Lösung?*

Was Sie aus diesem *Essential* mitnehmen können

- *... einiges Hintergrundwissen über schöpferisches Handeln,*
- *... ein Bewusstsein für die Breite von Handlungsmöglichkeiten,*
- *... einen „roten Faden" für neue kreative Gedanken.*

M. H. Kraus, *Kreativität: Stichworte, Ansätze, Grenzen*, essentials, https://doi.org/10.1007/978-3-658-42128-1

Literatur

Abel, G. (Hg.) (2005): Kreativität. XX. Deutscher Kongress für Philosophie. Sektionsbeiträge. Universitätsverlag der Technischen Universität, Berlin
Amabile, T. (1996): Creativity in Context. Westview Press, Boulder
Boden, M. A. (1990): The Creative Mind: Myths and Mechanisms. Routledge, London
Clay, A. (2015): The Misfit Economy. Simon & Schuster, New York
Corino, K. (Hg.) (1990): Gefälscht! Eichborn, Frankfurt/Main
Cropley, D. H. (2015): Creativity and Crime. A Psychological Analysis. Cambridge University Press, Cambridge/Massachusetts
Csikszentmihalyi, M. (1996): Creativity. Harper Collins, New York
Dresler, M. & Baudson, T. G. (2008): Kreativität. Beiträge aus den Natur- und Geisteswissenschaften. Hirzel, Stuttgart
Faktor, J. (2010): Georgs Sorgen um die Vergangenheit oder Im Reich des heiligen Hodensack-Bimbams von Prag. Kiepenheuer & Witsch, Köln
Feldhusen, J. F. (2006): The Role of the Knowledge Base in Creative Thinking. Cambridge University Press, Cambridge
Fletcher, A. (2000): The Art of Looking Sideways. Phaidon, London
Fox, K. C. R. & Kalina, C. (Hg.) (2018): The Oxford Handbook of Spontaneous Thought. Oxford University Press, Oxford New York
Goleman, D. u. a. (1992): The Creative Spirit. Dutton, New York
Gottlich, U. (2012): Kreativität und Improvisation. Soziologische Positionen. Springer VS, Heidelberg
Hartwig, I. & Spengler, T. (Hg.) (2003): Blühende Bilanzen. Kursbuch 152. Rowohlt, Berlin
Holm-Hadulla, R. M. (Hg.) (2000): Kreativität. Heidelberger Jahrbücher. Springer, Berlin Heidelberg
ders. (2011): Kreativität zwischen Schöpfung und Zerstörung. Vandenhoeck & Ruprecht, Göttingen
Huth, O. & Trenk, A. (Hg.) (2001): Überlebenslauf. Merve, Berlin
Joas, H. (1992): Die Kreativität des Handelns. Suhrkamp, Frankfurt/Main
Jansen, S. A. (2009): Rationalität der Kreativität? VS, Wiesbaden
Kaufman, J. C. & Sternberg, R. J. (2010): The Cambridge Handbook of Creativity. Cambridge University Press, Cambridge
Koestler, A. (1975): Act of Creation. Macmillan, Basingstoke

M. H. Kraus, *Kreativität: Stichworte, Ansätze, Grenzen*, essentials,
https://doi.org/10.1007/978-3-658-42128-1

Kraus, M. H. (2002–2014): Seminarkonzept „Kreativität“ (nicht veröffentlicht)
ders. (2019): Streitbeilegung in der Wohnungswirtschaft. Haufe-Lexware, München Stuttgart
ders. (2020): Na geht doch ... Eine kleine Problemologie. Die Mediation III 54–59
ders. (2021): Notfallvorsorge in der Wohnungswirtschaft. Springer Vieweg, Wiesbaden
ders. (2023): Kompaktkurs Kombinatorik. Gezählt, verteilt und wohlgeordnet. Springer, Berlin Heidelberg
Lenk, H. (2000): Kreative Aufstiege. Zur Philosophie und Psychologie der Kreativität. Suhrkamp, Frankfurt/Main
Mumford, M. D. (Hg.) (2012): Handbook of Organizational Creativity. Academic Press, Amsterdam
Münte-Goussar, S. (2008): Norm der Abweichung. Über Kreativität. Kunstpädagogische Positionen 18. Hamburg University Press, Hamburg
Peat, F. D. (2000): The Blackwinged Night. Perseus Publishing, Cambridge/Massachusetts
Reckwitz, A. (2012): Die Erfindung der Kreativität. Zum Prozess gesellschaftlicher Ästhetisierung. Suhrkamp, Frankfurt/Main
ders. (2016): Kreativität und soziale Praxis. Studien zur Sozial- und Gesellschaftstheorie. Transcript, Bielefeld 2016
Reulecke, A.-K. (Hg.) (2006): Fälschungen. Suhrkamp, Frankfurt/Main
Runco, M. A. (2014): Creativity. Theories and Themes. Research, Development, and Practice. Elsevier Academic Press, Burlington
Runco, M. A. & Pritzker, S. (2020): Encyclopedia of Creativity. Oxford Academic Press, Oxford
Salaverria, H. (2007): Spielräume des Selbst. Pragmatismus und kreatives Handeln. Akademie Verlag, Berlin
Sawyer, R. K. (2012): Explaining Creativity. The Science of Human Innovation. Oxford University Press, Oxford
Sloterdijk, P. (2009): Du musst dein Leben ändern. Suhrkamp, Frankfurt/Main
Sternberg, R. J. (2011): Handbook of Creativity. Cambridge University Press, Cambridge
Suwala, L. (2014): Kreativität, Kultur und Raum. Springer VS, Heidelberg
Van Doren, C. (1991): A History of Knowledge. Ballantine Books, New York
Vogt, T. (2010): Kalkulierte Kreativität. Die Rationalität kreativer Prozesse. VS, Wiesbaden
Watson, P. (2005): Ideas. A History from Fire to Freud. Phoenix/Orion Books, London
Weisberg, R. W. (2006): Creativity. John Wiley & Sons, Hoboken Chichester
Weissbach, H. J. u. a. (2009): Entrepreneurial Creativity and Innovation Management. Kosice Mures, Frankfurt/Main
von Wissell, C. (2012): Wissenschaftliche Kreativität. Hans-Böckler-Stiftung, Düsseldorf

Fachzeitschriften

Creativity and Innovation Management (Wiley, Hoboken/USA), https://onlinelibrary.wiley.com/journal/14678691
Creativity Research Journal (Taylor & Francis, London/UK), https://www.tandfonline.com/journals/hcrj20
Journal of Creativity (Elsevier Group, Amsterdam/Niederlande), https://www.sciencedirect.com/journal/journal-of-creativity

Journal of Creativity in Mental Health (Taylor & Francis, London/UK), https://www.tandfonline.com/journals/wcmh20
Psychology of Aesthetics, Creativity, and the Arts (American Psychological Association, Washington/USA), https://www.apa.org/pubs/journals/aca
The Journal of Creative Behavior (Wiley, Hoboken/USA), https://onlinelibrary.wiley.com/journal/21626057
Thinking Skills and Creativity (Elsevier Group, Amsterdam/Niederlande), https://www.sciencedirect.com/journal/thinking-skills-and-creativity

Printed in the United States
by Baker & Taylor Publisher Services